余俊雄 著

玩具传奇

THE LEGEND OF TOYS

U0305708

山西出版传媒集团 山西教育出版社

图书在版编目（ＣＩＰ）数据

玩具传奇／余俊雄著. —太原：山西教育出版社，
2020. 1（2022. 6 重印）
　ISBN　978-7-5703-0570-4

　Ⅰ.①玩… Ⅱ.①余… Ⅲ.①玩具—青少年读物
Ⅳ.①TS958-49

中国版本图书馆 CIP 数据核字（2019）第 186143 号

玩具传奇
WANJU CHUANQI

责任编辑	彭琼梅
复　审	冉红平
终　审	杨　文
装帧设计	宋　蓓
印装监制	蔡　洁

出版发行　山西出版传媒集团·山西教育出版社
（太原市水西门街馒头巷 7 号　电话：0351-4729801　邮编：030002）
印　装　北京一鑫印务有限责任公司
开　本　890 mm×1240 mm　1/32
印　张　9.25
字　数　362 千字
版　次　2020 年 1 月第 2 版　2022 年 6 月第 3 次印刷
印　数　15 001—18 000 册
书　号　ISBN　978-7-5703-0570-4
定　价　48.00 元

如发现印装质量问题，影响阅读，请与印刷厂联系调换。电话：010-61424266

前　言

◇　⋯⋯⋯⋯

　　鲁迅先生在《风筝》一文中说："游戏是儿童最正当的行为，玩具是儿童的天使。"的确如此，玩玩具是儿童一生下来就具有的天性。但是，玩具绝不是儿童的专利品，人的一生几乎都要和玩具打交道。对于成年人来说，玩具也许是休闲减压的工具或者是获得成功的借鉴；对于老年人而言，玩具或许是晚年的依托或者是延缓衰老的健身物件。

　　对我而言，玩具可以说是我从小到大的良伴和益友。然而，令我有心去关注玩具进而去研究它，则是与我所学的专业有关。我学的是航空自动控制专业，我发现许多平凡的玩具竟与尖端的航空航天科学有关。比如风筝，它是人类最早发明的动力飞行器，可以说是飞机的雏形。而直升机的升空原理则与竹蜻蜓完全相同。飞机螺旋桨和玩具风车叶片类似，功能却是逆向的：风车是靠风吹着旋转，而螺旋桨则是靠旋转产生前进的空气动力。现代喷气式飞机发动机的原理竟然和古老的走马灯相同。现代火箭的推进方式和"起火"爆竹一样，有人说，火箭就是现代的"起火"。更令人不可思议的是，现代航空航天器的惯性导航装置中，竟缺不了儿童经常玩的陀螺……

　　后来，我从事专业的科学普及工作并担任我国第一份少儿科普杂志《我们爱科学》的主编。于是，我想到可以借助玩具来普及科学。这样，我就有机会认识我国许多研究玩具科学的专家，获取众多的玩具资料。后来，我加入了北京玩具协会，又有机会认识众多民间玩具大师和传人，这使我对中国玩具有了更深、更广的了解。

1999 年，美国一个名叫"中国古典益智游戏探索基金会"的组织找到我并与我进行合作，使我对世界上的玩具概况有新的了解。2000 年，我应这个基金会的邀请，到美国亚特兰大去参加了一个名为"马丁·加德纳趣味数学集会"的会议。原来，这是世界益智玩具界的学术年会。由于马丁·加德纳是当今美国乃至世界最著名的益智玩具大师、世界十大反伪科学斗士之一，所以这种集会以他的名字命名。在这次集会上，我结识了世界各国的玩具专家，参观了各种各样的玩具。令我特别感动的是，国外许多人对我国古老的玩具十分了解，而且收藏颇丰、研究极深。比如有一种成套的中国古典益智玩具，据说是清代外销到国外的，其中竟有象牙制的七巧板和九连环等，令我大开眼界。

回国后，我组织了我国第一个益智玩具研究小组，并在北京玩具协会的支持下，开展了对益智玩具等各种玩具的研究。

2002 年，第 24 届世界数学家大会决定在北京召开，这是这种会议第一次在发展中国家召开。按惯例，在会议期间要举办相关的数学科学展览会。承担这次展览的是中国科技馆。但怎么把展览办成有中国特色的呢？我提出举办"中国古典数学玩具展"。这一建议和展览组织者的想法不谋而合。在数学家大会召开前夕，由我主持操办的数学玩具展如期举行。本届数学家大会主席、中国著名数学家吴文俊和上届大会主席、美国纽约大学教授道·本周等参观了预展。吴文俊教授对我说："这些玩具都可以用数学来解释。"道·本周教授对新华社记者说："这是我所见到的最丰富的数学玩具展。我想，所有热爱数学的孩子都应该到这里来看看。"新华社的消息发出后，引起了一股益智玩具热。在展出的 8 天中，吸引了 6 万多人次参观。当时的中国科技馆馆长王渝生说："这是中国科技馆开馆以来，办得最好的一次临时性展览。"这个展览后来相继应邀到上海、广州、太原、哈尔滨等城市多处巡展，都受到空前的欢迎。

2005 年是当代最伟大的物理学家爱因斯坦逝世 50 周年，也是他的狭义相对论发表 100 周年。联合国确定这一年为"国际物理年"。这一年，世界各国都要举行相关的纪念活动。

我考虑到我国许多玩具与物理学相关，可以通过玩具作为切入点开展活动。于是，我又决定在中国科技馆举办一次"中国古典物理玩具展"，而且又得到了中国科技馆的赞同。

中国许多玩具，都与物理学有关。如风筝、竹蜻蜓、陀螺、空竹、风车等，都与力学有关；卟卟噔、拨浪鼓、鬃人等，都与声学有关；皮影、拉洋片、万花筒等，都与光学有关；孔明灯、走马灯等，都与热学有关……

这些玩具都筹备齐了。这时我突然想起，要是有一件与爱因斯坦有直接关系的展品就好了。正巧，我从两本外国资料上看到有一种中国的玩具，曾经令爱因斯坦惊奇，这种玩具叫饮水鸟。于是，我就去找饮水鸟。可惜的是，它早就消失了。我多方打听，有的民间玩具老艺人说，小时候见到过。既然有人见到过，就有希望找到它。怎么找呢？我想到了媒体，因此，我通过报纸、电视和网络，发出了寻找饮水鸟的消息。功夫不负有心人，果然在华北电力大学找到了这种玩具，又在沈阳找到了这种玩具的传人。最终，这种消失多年的玩具如期在展览会上展出了。这次展览同样引起了轰动。《北京日报》用整版的篇幅来报道这次展览，并且用了这样一个大标题："科技馆感受老玩具的神奇"。文中说："我国各个时期的传统玩具汇聚中国科技馆，有的蕴涵着智慧谜团，有的甚至是现代科技产品和现代体育项目的雏形。这既是物理学的第一次，也是玩具展的第一次。"

有人感叹，真想不到小小的玩具竟蕴涵着这么多的文化。是的，我们每一个普通的人，都曾经玩过玩具。但是，并不是每一个人都从玩具中获取过精神的感悟力或事业的推动力。而有许多名人或有心人都得到过。

中国圣人孔子曾经把一种叫"欹器"的玩具放到自己的桌子右边，当作自己的座右铭。战国时期的思想家、军事家墨子为了宣传他的"非攻"（反对侵略战争）思想，用他的玩具竹鹊和工匠鲁班的玩具木鸢来比赛。法国资产阶级政治家、军事家拿破仑军事失利被流放到圣赫勒拿荒岛上，还不忘玩中国的七巧板。美国 1901 年至 1909 年间的总统西奥多·罗斯福竟然同意以自己的名字来命名一种玩具——绒毛熊，以表达自己保护动物的理念。两次获得诺贝尔奖的原子物理学家居里夫人十分赞扬陀螺，她表示要"像陀螺那样高速旋转"，奋斗不息。上面说过，当代最伟大的物理学家爱因斯坦对中国"饮水鸟"感到惊奇，是因为他的锐眼观察到，这种玩具差一点就冒充了科学上不存在的永动机。1752 年，美国科学家富兰克林用风筝引来了"天电"，解开了雷电的秘密。美国莱特兄弟小时候玩"飞螺旋"（类似中国的竹蜻蜓），激发了飞行的理想，最终发明了飞机。很少有人知道，毛泽东主席在延安时曾说过，麻将是中医和《红楼梦》小说之外，中国对世界的第三大贡献，他指出麻将里面有哲学。周恩来总理小时候喜欢玩益智图（十五巧板），据周恩来故居的工作人员介绍，这种玩具对推动他后来的事业起了很大作用。我国第一位女宇航员刘洋登上飞船也没忘带上熊猫玩具，她在太空中体验了一把与熊猫玩具一起失重的乐趣。

感谢山西教育出版社，将我对众多玩具的研究汇集成这本《玩具传奇》。从中也许你会体会到，玩具，看起来平凡，其实并不平凡。如果你从其中获取了某种感情，也就达到了作者的心愿。

余俊雄

目录

一 赏心悦目的观赏玩具

WANJU CHUANQI

01 七夕乞巧的玩偶——魔合罗

◇ ....

张鼎智勘小泥人

元代孟汉卿写过一部杂剧《张鼎智勘魔合罗》，讲的是清官张鼎利用小泥人玩偶断案的故事。

洛阳商人李德昌在外经商，长年不归。其堂弟李文道想害死堂兄，霸占堂嫂刘玉娘。有一天，李文道碰到一个卖魔合罗的老人高山（魔合罗就是当时一种小泥人玩偶的名称），高山告诉李文道，说他堂兄李德昌正在回家的路上，因为下雨，病倒在五道将军庙，捎信叫刘玉娘去接应。

李文道认为时机已到，就先赶到了五道将军庙，给堂兄送去药，并在药中下了毒，将堂兄毒死。后来，刘玉娘也赶到庙里，发现丈夫已被毒死。接着，李文道又返回庙中，诬告她勾结奸夫杀死夫君。并说，如果她改嫁给自己，就可以不告官，私了此事。

刘玉娘含冤告官，知县收了李文道的贿赂，反将刘玉娘定为死刑。这时正好新官上任，掌管刑部的官吏张鼎发现案情有疑点，请新官重审。

张鼎决心对案情进行勘察。有一天，他看到一个魔合罗玩偶，玩偶上面写有"高山"的名字。于是，他找到卖玩偶的高山，从高山口中得知，李德昌遇害的那天，是先碰到李文道，李文道故意指错路，使自己找不到刘玉娘报信。这样顺藤摸瓜，张鼎发现李文道有诈。面对人证高山，李文道终于承认了他杀堂兄、企图霸占堂嫂的事实。

小小的玩偶魔合罗，竟作为重要线索，勘察出了一件重大的杀人案，你一定对魔合罗这种玩具很感兴趣吧。

六岁出家的小国王

为什么把小玩偶称作"魔合罗"呢？原来这个名字不是本土产物，而是一个外来语。

其实，用泥做玩偶，我国早在 6000 年前的新石器时代就开始了。在出土的那个时期的彩陶器皿上，就捏有人头形。这也许就是泥玩偶的萌芽。

东汉时期，就有了供孩子玩的"倡俳"，也就是会跳舞、唱歌、演戏的人偶。东汉王符在《潜夫论》一书中，就提到："取好土作丸，卖之于弹……或作骑泥车瓦狗、马骑倡俳，诸戏弄小儿之具以巧诈。"

到了唐元时期，泥玩偶造型艺术已发展到空前的高度。1973 年，新疆吐鲁番唐墓中，就出土了许多造型各异的泥玩偶。

唐朝时，由于佛教传入中国，中国本土泥玩偶也开始沾上佛教的色彩。

在佛教里，有一个知名的人物，梵文名称为 Mahoraga。中文译作"摩睺罗迦"，也有译作"罗睺罗""魔合罗""磨喝罗""磨喝乐"和"摩睺罗"的。

有人说 Mahoraga 是佛祖释迦牟尼的儿

魔合罗
（宋代白釉加彩童子）

子"罗睺罗"，还有人说 Mahoraga 是佛教中"天龙八部"之一的"摩睺罗迦"。

摩睺罗迦曾是一个国王，因为犯了罪，被罚到地狱。他在地狱里过了六万年，才脱身成胎。又过了六年，他才出生。他六岁就出家成佛。于是，人们就将本土泥玩偶塑成他的形象，并用他的名字来命名这种玩偶。

后来，魔合罗的形象又慢慢中国化了。他不仅引入到了戏剧中，还变化成了十足的本土形象。在元杂剧《十三郎五岁朝天》中，他是"一个眉清目秀，唇红齿白……能言能语，百问百答"的角色。在《西湖老人繁胜录》中，描绘魔合罗"多著干红背心，系青纱裙儿；亦有著背心戴帽儿者"，甚是可爱。

乞巧节的主角

老百姓一般称魔合罗为"泥孩儿"，它在每年七月七日乞巧节中最为流行，是乞巧节的节庆玩具的主角。

唐《岁时记事》中说："七夕，俗以蜡作婴儿形，浮水中以为戏，为妇人宜子之祥，谓之化生。本出西域，谓之摩睺罗。"从此文可知，唐朝时已经有了用蜡代泥土做的玩偶了，这种蜡玩偶比泥玩偶轻，所以可以浮在水面上，这样就更好玩了。同时，也可以从中得知，七夕中的魔合罗还有"求子"的意思。难怪当时就有这样的歌谣：

> 捏塑彩画一团泥，妆点金珠配华女。
> 小儿把玩得笑乐，少妇供养盼良嗣。

意思是说，用一团泥塑成泥娃娃，经过彩绘之后，多么可爱。在它身上饰以金珠，恰巧和美少女相配。小孩玩它带来欢乐，少妇把它供养起来，以期望自己能生一个好小子。

当然，在七夕日，魔合罗的主要功能还是供奉牛郎织女，作祈福之用。在宋元时期，不只民间，宫廷也要用魔合罗作供品。

宋朝周密在《武林旧事》中，就提到七夕前"修内司"要进献十桌魔合罗，每桌多达 30 个。而且，宫中的魔合罗既不是泥塑也不蜡塑，而是用龙涎佛手香，甚至象牙雕刻而成。其华贵程度难以想象，它以金镂珍珠翡翠为饰，衣帽、头发等都用金、银、琉璃、玻璃、砗磲（一种海底动物介壳）、赤珠、玛瑙这七种宝物做成，多么精致啊！

寻常百姓又是如何用魔合罗来乞巧呢？这也许要比宫中热闹得多。宋朝孟元老在《东京梦华录·七夕》中说："七月七夕，潘楼街东宋门外、瓦子州西梁门外、瓦子北门外、南朱雀门外街及马行街内，皆卖磨喝乐，乃小塑土偶耳，悉以雕木彩装栏座，或用红纱碧笼，或饰以金珠牙翠，有一对值数千者。"在东京城内，每逢七月初六、初七晚上，还要结彩楼于庭前，上面摆满魔合罗，并将此楼称为"乞巧楼"。

乞巧结束后，魔合罗就成了儿童的玩物了。更有甚者，儿童们还不满足将魔合罗当玩具，有的还自己打扮成魔合罗的样子，当起"活魔合罗"来。他们穿上艳丽的服装，手持新鲜的荷叶，模仿魔合罗的样子，在大街小巷中玩乐，为节日增添了一幅流动的色彩。难怪当时有歌谣唱道："归来猛醒，争如我活底孩儿。"意思是，从七夕夜里归来，猛然发现，魔合罗再好，也不如我家中天真活泼的真孩儿好啊！

02　降服猛兽的神童——阿福

◇ ·················

阿福的化身"沙孩儿"

江苏省无锡市的惠山，盛产泥人。惠山泥人中的形象代表就是大名鼎鼎的小孩"阿福"。

最典型的阿福造型是一对男女胖娃娃。他们身穿梅花图案的五福袄，怀抱金毛大青狮，面带笑容端坐着，十分可爱。

最典型的阿福

"阿福"这个名称很具江南特色，"福"就是带来福气，"阿福"就是有福气的小孩子。

关于"阿福"的来历，当地流传着一个古老的传说。

在很久以前，惠山的深处藏着许多猛兽，其中最歹毒的是大青狮。它们常常跑到山下来捕食小孩，弄得人心惶惶。

当时人们没有办法，只好求天神保佑。天神得知此事，就派了两个神童下凡降妖。这两个神童名叫"沙孩儿"，他们身体壮硕，力大无穷。此外，他们还有一个本领，只要微微一笑，野兽就会乖乖地投入他们的怀里，服服帖帖。

沙孩儿来到惠山，果真降服了猛兽大青狮，为当地人民除了一害。人们为了纪念他们的功绩，就用泥土为他们造像。塑像还原了沙孩儿的形态，胖而壮实，怀抱大青狮。满面笑容，表明他们的可爱。身着五福袄，代表了当地的着装特色，也说明他们有一身"福气"。同时，人们为他们起了符合当地语言特色的称呼"阿福"。

泥人故乡惠山

惠山在无锡市东，这里的土质细腻，可塑性强，干而不裂，弯而不断，一般称它为"磁泥"。所以，很早就被当地人用来制作泥人。

但是，惠山泥人什么时候开始作为玩具批量生产的呢？说法不一。有人说，造惠山泥人的祖师爷是春秋战国时代的大军事家孙膑，也有人说是献"和氏璧"而被砍去双腿的卞和。这两人都是两千多年前的人了，这样算来，惠山泥人的历史就十分悠久了。

孙膑制作泥人据说是用来研究军事布阵，用泥人代替军士。这样一说，惠山泥人成了中国最古老的军事沙盘中的模型了。卞和制作泥人据说是身残志不残，体现了他的天才工艺。

还有传说首创惠山泥人的是明初政治家刘基，他曾被立为泥人业的祖师爷。一位政治家为什么对泥人这种雕虫小技感兴趣呢？这一直是个谜。不过，惠山泥人起源于明代倒是有文字根据的。

明末文学家张岱在《陶庵梦忆》一书中写道："无锡去县北五里为锡山，进桥，店在岸，店精雅，卖泉酒、水坛、花缸、宜兴罐、风炉、盆盎、泥人等货。"这里就提到锡山附近有卖泥人的店。锡山邻近惠山，可见惠山泥人在明朝就成了商品了。

到了清朝，惠山开始出现专以泥人为业的手工作坊了。而且产生了许多作坊名家，如"钱万丰""蒋万盛""胡万盛""章万丰""周坤记"等。

可爱的"中国娃"

惠山泥人从工艺上说，主要分两大类：一类是"粗活"，一类是"细活"。

粗活工艺简单，主要是用模具生产。所以，惠山泥人又叫"泥模模"。这类产品主要是泥人、小鸡、小狗、小猫，十分接近生活。它们大都是供儿童玩的，所以又叫"耍货"。

泥人中最著名的就是"阿福"，又称"大阿福"。他们是"祝福"和"辟邪"的象征。在当地的赛神会上，这种玩具是会上的主打物品。几乎人人都要买上一个，以求福气。

各种造型的阿福

惠山又是著名的旅游胜地，于是"阿福"就成了当地别具特色的旅游纪念品。1996 年，中国旅游年推出的吉祥物就是"阿福"。"阿福"作为一个旅游活动的代表，已经从无锡走到全国，又从全国走向了全世界。难怪许多外国人把"阿福"称为"中国娃"，且成为中国的一个象征了。

有生命的泥土

惠山泥人的细活，指的是手工捏制的泥人。它不用模子翻制，而是用手工捏制。泥人的形象不再只是娃娃和小动物，而多是一些戏曲人物。

泥塑戏文大约诞生于清代中期。这类泥塑主要用于观赏和收藏。它的出现，与清咸丰、同治年间，苏南一带京剧、昆曲在民间广泛流传有关。惠山泥塑艺人开始用泥塑制戏曲人物，如《霸王别姬》《贵妃醉酒》和《水漫金山》中的楚霸王、贵妃和许仙等。

在清朝晚期，惠山泥人制作者中，出现了一大批优秀的手捏戏文的能工巧匠，其中的代表人物有冯阿金、陈阿方、周阿生、丁福亭、丁兰亭（丁阿金）等。

当时，民间甚至流传着一句顺口溜来说明其中两位艺术大师的代表作：

> 要神仙，找阿生；
> 要戏文，找阿金。

周阿生早期结识过塑造寺庙佛像的民间艺人，在他们的影响下，把佛像工艺引进泥塑玩物中，作品除佛教中的菩萨外，还有民间财神等。他塑造的《蟠桃会》作品，至今仍保存在南京博物院里。

丁兰亭喜欢看戏，所以热心塑造戏曲人物。为了塑造好人物特征，他不仅认真求教演员，甚至还进一步研究戏曲服装、道具。所以，他捏的人物，文的潇洒风流，武的勇猛英俊。江苏省博物馆曾珍藏着他的戏文泥塑二十多种。

如今，惠山泥人工艺得到发扬光大，著名文人郭沫若曾作诗颂扬：

人物无古今，须史出手中；

衣冠千代异，肝胆一般同。

造化眼前妙，滚传域外雄；

俏中人儿百，童叟献神工。

他在诗中赞扬惠山泥塑艺人高手云集，一代代艺人呕心沥血，塑造出一个个栩栩如生的人物，令人大开眼界，而且声名远播，流传到海外。

当代优秀惠山泥塑大师喻湘莲的手捏戏文作品曾先后参加了美国、加拿大等国的博览会，她还亲自到日本去进行手捏泥塑操作表演。国际友人称这种神奇的艺术为"有生命的泥土"。

03　中秋节的吉祥物——兔儿爷

◇ ·················

月亮的化身

兔儿爷是老北京中秋节的节令玩具。为什么用兔子来当中秋节的"代言人"呢？原来，中国自古以来，就用兔子来代表月亮。

早在春秋时代，就出现了月中有兔的传说。楚国诗人屈原在《楚辞·天问》中就问到月宫为什么有"菟"？这里所说的"菟"，就被认定为兔子。

在湖南长沙马王堆一号汉墓中出土的帛画里，就画着一弯新月中有一只奔跑的白兔。江苏丹阳出土的南朝墓砖画像里，则画有捣药的玉兔。可见，在两千多年前，就用图画记载了月亮上有兔的形象。在此后的文字记载中，更进一步将兔子作为月亮的化身，称兔子为"月精"，月亮为"兔轮""兔魄"。

农历八月十五日为"中秋节"，早在周朝，我国就有在这一天祭月的习俗，因为民间认为这一天月光最明亮，是月亮的生日。

祭月的时候，除了有月饼、西瓜等时令食物外，还有"月光纸"。月光纸又叫月光码，上面画有月亮，月亮上有月宫、桂树，当然还少不了捣药的兔子。

祭月仪式结束后，要将月光纸焚烧，纸上的兔子就一并焚化了。兔子的形象也一并从人们的眼中消失，而仅留在脑海中。

为了在人们的眼前，永远保留兔子的形象，月兔慢慢地从画中走出来，变成了一种实物兔神。

兔儿爷的诞生

实物兔神到底何时出现的？有种种说法。一般认为大约在明代。

清代年画《桂序升平图》中的拜兔儿爷图

明人纪坤在《花王阁剩稿》中说："京中秋节多以泥捏兔形，衣冠踞坐如人状，儿女祀拜之。"清朝杨柳青木版年画中，有一幅《桂序升平图》，画着一个人身兔头的兔儿爷，身穿红袍立在供桌上，供桌上还有月饼、西瓜、石榴和桃子。有一个童子在击磬，两个童子在跪拜，生动地展示了中秋节祭兔儿爷的情景。

那么，作为祭月用的实物兔子是谁先做出来的呢？又为什么称他为"兔儿爷"呢？

最先做出兔儿爷的人到底是谁无法考证，但可以肯定，是来自民间的手艺人。其中有一个传说，说最先将兔子打扮成武将形象的，是皇宫中太庙的守庙人。有两位守庙太监，一个叫塔子，一个叫纳子。这两个人爱好京剧。他们就按京剧中的武将形象来捏兔子。将兔子捏成兔首人身，头戴战冠、身着战袍，威风凛凛。

到清朝后期，兔儿爷的形象越做越精。记录清朝民俗的《清稗类钞·时令类》一书中说："中秋日，京师以泥塑兔神，兔面人身，面贴金泥，身施彩绘，巨者高三四尺，值近万钱。"由此可见，兔儿爷已从供品开始贵族化，变成欣赏品和收藏品了。

至于"兔儿爷"的名称来历，则与北京人对男子汉的称呼有关。北京人常将男子称作"爷"，以表示男子汉的精气神儿。将一般认为胆小的兔子，赋以"爷"的称呼，说明北京人对月亮"代言人"兔子的精神升格，表达了人们对月神的期待和追求。

从玩具到娱乐

老舍先生在《四世同堂》一书中，描绘了昔日北京街头卖兔儿爷玩具的情景："在街上的'香艳的'果摊中间，还有多少个兔儿爷摊子，一层层地摆起粉面彩身，身后插着旗伞的兔儿爷有大有小，都一样的漂亮工细，有的骑着老虎，有的坐着莲花，有的肩着剃头挑儿，有的背着鲜红的小木柜。这雕塑的小品给千千万万儿童心中种下美的种子。"

兔儿爷从供奉的神位上来到街头的小摊上，实现了它从神到民，从膜拜到把玩的转化。作为玩具的兔儿爷正像老舍所言的，"脸上没有胭脂，而只在小三瓣嘴上画了一条细线"，"带出一种英俊的样子"，"眉目是那么清秀，就是一个七十五岁的老人也没法不像小孩子那样地喜爱它"。

由于兔儿爷受到孩子们的喜欢，所以就慢慢变成一种民间玩具。而作为玩具的

兔儿爷

兔儿爷，也演化得更平民化。你看，兔儿爷的人物形象，既保留了作为孩子喜欢的"动画"形象，永远是兔首人身，又更贴近了生活。其中除有作为武将的形象外，还有"剃头"的、"背木柜"的各行各业人物。

为了与时俱进，现在市场上还出现了活动的兔儿爷。有的可以用绳牵引，使手臂做捣药状，有的兔儿爷嘴唇还能动，变成"呱嗒嘴"。

除了作为玩具外，兔儿爷也被引进戏曲娱乐中。有几出京剧，就出现了兔儿爷角色。《白兔记》一剧中，有兔儿爷助人完孝的情节。《嫦娥奔月》一剧中，有兔儿爷、兔儿奶两角串场，其角色定位为丑工。《天香庆节》一剧中，主角为兔儿爷，这是一出爱情戏。

歇后语中的兔儿爷

歇后语是来自民间的一种文学样式，它通常是用一种形象来说明一个词语，十分生动。老北京人都是幽默大师，他们创造的许多歇后语就出自兔儿爷身上。

用兔儿爷的动作作歇后语的有：

"兔儿爷打架——散摊子。"这是指团体解散。兔儿爷在摊上打架，摊子肯定散坏。

"兔儿爷翻跟斗——窝犄角。"指遇挫折。因为兔儿爷有一对长耳朵，形似犄角，犄角窝了就是折弯了。

"兔儿爷洗澡——一摊泥。"指事情变糟。因为兔儿爷是泥做的，浸水自然毁坏。

"兔儿爷过河——自身难保。"指顾不了自己。理由同上。

"兔儿爷掏耳朵——崴泥。"指事情搞砸了。兔儿爷耳朵自然也是泥，所以挖的也是泥。"崴泥"音同"挖泥"，北京民间语。

"兔儿爷拍胸脯——没心没肺。"指粗心。因为兔儿爷是空心的。

"兔儿爷描金——绷脸了。"指不高兴。因为脸上描了金粉，表情严肃。

用兔儿爷其他有关事物作歇后语的有：

"兔儿爷的旗子——单挑。"指单干。因为兔儿爷身后的旗子过去都只有一面。

"隔年的兔儿爷——老陈人儿。"指旧相识。因为隔年就是陈年。

"八月十五的兔儿爷——有吃有喝。"因为供奉兔儿爷的供品十分丰富。

你看，兔儿爷也为丰富中国语言做出了贡献。

04 纪念战友的祭品——泥咕咕

◇ ·····················

杨玘和杨玘屯

在河南省北部，有一个因生产泥玩具而出名的县，这个县叫浚县。浚县风景秀丽，境内有两座名山——大伾山和浮丘山。山上有个著名的奶奶庙，每逢农历正月十五和八月十五，这里都要举办庙会。每逢会期，远远近近的人都要来赶会，热闹非凡。

庙会上，大大小小的售货摊点云集，从城里一直延伸到郊外的古庙前。摊上卖的东西五花八门，有趣的是，卖得最多的竟是一种叫"泥咕咕"的泥玩具。

为什么这里会生产出这么多的泥塑玩具呢？这与一个有名的历史故事有关。

浚县古称黎阳，是历代兵家必争之地。据传说，隋朝末期，有一个叫李密的农民发动起义，率领瓦岗军在黎阳一带，与官兵发生大战，终于夺取了设在这里的大粮仓，并在这里屯兵屯粮。

起义军中有一个叫杨玘的将领，就驻扎在这里的大伾山下。战士们驻在这里，闲得无事时，不免怀念起战死沙场的将士们来。在杨玘军中，有一些会捏泥人的士兵，为了纪念那些战死的战友，就用当地的泥土，捏出了泥人、泥马，摆在死去战友的墓前，举行祭奠仪式。

经过年年月月，战事消停，战士们变成了当地的农民。虽然工种变了，但捏泥人的传统却永久地保存了下来，而且发扬光大。泥塑越做越精、品种也越来越多，于是这里成了远近闻名的泥塑村。为了纪念当年的起义将领，这个村庄就起名叫杨玘屯村。如今，这个村成了当地泥咕咕玩具的发源地和集散地。

伴着孩子笑声的"咕咕"声

浚县的泥塑玩具声名远扬，而且人们赋予它一个动听的名字："泥咕咕"。这是怎么回事呢？

原来，最早的泥塑大都是实心的，只能看着玩。后来，有的艺人就想，要是它能发声，那不更吸引孩子吗！艺人便从孩子们吹哨子得到启发，在泥玩具的不同部位扎上通气孔。往通气孔一吹气，就会发声了。

人形泥咕咕

这种能发声的泥玩具立刻引起了孩子们的极大兴趣，他们一边走、一边吹，哨声响遍田野和村庄。由于泥玩具比较厚重，吹出的哨音不如一般竹哨子声音清脆，而是发出一种沉重的"咕咕"声。因此，就得名"泥咕咕"。因为"泥咕咕"这个名称十分亲切和具有特别的乡土味，所以后来就广泛传开，成了浚县泥塑玩具的昵称。即使没有带气孔的玩具，也一律叫"泥咕咕"。

漂洋过海的土玩具

浚县泥咕咕是不折不扣的乡土玩具。它的原料是取自本地，制作工艺也是来自本地手工艺，制作人员更是土生土长的农民。

浚县出产黄胶泥，黏性大，可塑性好。人们就地取材，把黄泥晒干，碾细，为了使做出的泥塑细腻，泥土还要过筛子筛。

泥土材料加工好了之后，为了使它更柔软，还要加上棉花和纸浆混合在一起。之后，掺上水，努力和匀。最后，还要用木槌敲打多遍，变成可塑性极好的胶泥。这样，材料就备齐了。

下一步是塑形。这就要看人的手艺了。在艺人的手里，胶泥经过搓、拉、捎、捏，凭着他们心里早就形成的样子，一个个憨态可掬的形象就出现了。这些形象有的是小人儿，有的是小动物，个个有模有样。

最后就是着色了。着色前，先将泥塑在灶台上烘干，否则就容易变形。但又不能烘得太干，太干不好上色。一般都是用黑色或深棕色打底，再晾干。晾干后，再在底色上点色。点色十分有学问，要与小人儿和动物的造型色调一致，才能活灵活现。

浚县有长期制作泥塑的传统，所以出现了许多多才多艺、手艺超凡的艺人。其中有一位叫张希和的，捏泥猴十分出名，号称"泥猴张"。他捏的泥猴，夸张变形拟人化，十分有特色。其中有表情丰富的"喜猴""怒猴"，有外形幽默的"撒尿猴""抽烟猴"，令人爱不释手。

"泥猴张"用他的作品征服了中国人，也通过电视等媒体，吸引了外国人。美国有关单位特地邀请他去表演和讲学。想不到，土得掉渣的民间乡土玩具，竟漂洋过海，变成了洋人眼中的"洋玩具"。

乡土玩具与民间习俗

中国的民俗文化往往与玩具有关，特别是在玩具之乡，民俗也特别丰富。浚县就是一个最好的实例。

前面的故事说过，"泥咕咕"中有一大部分是泥军士、泥战马和骑马人。那是为了怀念昔日的战友和伴随战士的战马。泥战马造型夸张，头大身小，很有气势，象征"出头马"。还有一种"双头马"，表示战马不死的精神。泥军士个个雄赳赳，更寄托了对战友的赞颂。

"泥咕咕"中有不少神兽,如独角
兽、多角鹿等,它们在现实生活中也
许并不存在,但是传说它们都是瑞兽,
能辟邪,寄托了人们追求平安的愿望。
家家都要买几个去讨吉利。

家禽家畜是农村生活的重要部分,
所以"泥咕咕"中也出现了大量类似
的形象。鸡、鸭、鹅、牛、马、羊、
狗、猪等,应有尽有。这些动物泥塑
并不是真实生活中的模样,而是经过

骑马泥咕咕

变形、美化,成了一种摆设的艺术品。这类泥塑充分表达了艺术来
自生活,又高于生活的境界。

"泥咕咕"中的小泥人,是玩具中的主打产品。它不再是雄赳
赳的军人打扮,而是喜气洋洋的小人形态。赶庙会的妇女,往往要
买上一篮子小泥人,在回家的路上,见一个小孩就送一个,为的是
早生贵子或早生孙子。这个时候,小孩子们会唱起一首儿歌:

　　　　给个泥咕咕,回家抱娃娃。

　　　　给个泥咕咕,生子又生孙。

这是孩子们的欢乐之声,也是他们对未来母亲、祖母们的祝福
之音。

05 吓退敌兵的"大头鬼"——面具

◇ ⋯⋯⋯⋯

挂虎的神威

挂虎是陕西凤翔生产的泥玩具，它是一种虎形面具，最早是挂在脸部玩的，后来演变成了一种挂在墙壁上的室内装饰。

关于挂虎的来历，有一则民间传说。明代初年，朱元璋的干将李文忠赶走了鞑子兵，拿下了凤翔城。李文忠原本在城外安营扎寨，赶走了鞑子兵后就带着大批人马进驻城内，只在城外营内留下二十四个兵卒。这些兵卒由一个老兵带领。

这个老兵原本是制作泥玩具的艺人，闲着没事，他就带领士兵制作泥面具。这种泥面具外形似虎，面目狰狞，十分可怕，戴在头上，非常好玩。

有一天，鞑子兵忽然来偷袭兵营，由于守兵不多，大家十分慌乱。这时，那个老兵就叫大家都戴上泥面具，手持兵器列队站成一排对付敌军。

鞑子兵见到这二十四个面目狰狞的人，一个个都像鬼一样令人害怕，就以为遇到了神兵下凡的"大头鬼"，吓得一溜烟似的逃跑了。

敌人吓跑了，凤翔城安定了。李文忠带着兵士撤走了，但那位老兵留下了，他制作的虎面具和手艺也留下了。从此，凤翔成了泥玩具的产地，特别是挂虎，成了当地的品牌。

现在，挂虎既成了吸引人的泥玩具，又成了避邪的挂件，还成了当地民间社火戏的道具。

挂虎

兰陵王入阵的面具舞

有关面具的另一个有趣的故事，出自一千四百多年前的北齐时期。

东魏权臣高澄死后，其弟高洋继位，建立北齐。他的侄子高长恭，就是大名鼎鼎的兰陵王。兰陵王英勇善战，但是外形十分柔美。由于他的面相太柔，看上去不足以具有威慑力，所以，他每次打仗，都要戴上威猛的面具。这样既长了自己的志气，又给敌人一个下马威。

有一次，洛阳被敌军包围。他戴上面具，带领五百骑士，一举突袭到洛阳城下。守城的北齐兵，开始以为是敌军耍的花招，不知如何是好。这时，兰陵王取下面具，露出了真容。北齐兵见到自己的将领深入到敌军中，一时军心大振，英勇抗击了敌军。在守城士兵和兰陵王带领的士兵的内外夹击下，敌兵溃退而去。

战斗胜利了。战士为了庆祝胜利，编了一首歌《兰陵王入阵曲》。战士们学着兰陵王的样子，一个个都戴上面具边歌边舞。

于是，面具又从单纯的"武器"，演变成了一种娱乐品，成了歌舞时的一种艺术造型。

人类早期艺术的化石

以上有关面具的故事，说明了面具在古代战争中的运用。其实，人类戴面具已有几千年的历史，而且最早是用在狩猎中，用以吓唬猎物，或用来迷惑猎物。这一点在古代许多岩画或陶雕中，可以看出来。

内蒙古阴山和桌子山岩画，有上万年的历史，最早出自新石器时代。其中就有许多人面像和动物面像。这些面像就类似面具，或狰狞可怕，或奇异怪诞。宁夏贺兰山岩画也有上万年历史。这些画体现了草原特点，以动物面像为主。这些岩画保存至今，被研究者称作"人类早期艺术的化石"。从这些"化石"中，人们得以推导出，古代岩画面像即是面具的雏形。

广西来山崖画和花山崖画的面像则进一步有了面具的特征。比如有的面像上方画有鸟类形象，就像戴上鸟形面具。直到现在，广西邕宁县一带，在中秋节和春节时，都会戴类似的面具跳"师公"舞。这种"师公"就是指巫师，师公面具有除邪的意思。广西崖画描绘的是壮族先民——越人的活动景象。师公面具是以竹、布制作的，材料取自本土产物。

广西西林县还出土了一种西汉时期的铜面具，面具为墓主的殉人。面具在这里是代替了活人殉葬。

1986 年，内蒙古哲里木盟出土了一件金面具。这件面具是辽代契丹人的形象，是按死者的脸型打制而成的。其作用是保护死者的面目不损。

面具的材料从土质、木质、竹质、布质，发展到铜质、金质，是技术上的进步。而其作用从狩猎、巫术、战争到娱乐，则是功能上的演变。今天，孩子们用它做玩具，当然是取其娱乐作用。

戏剧的活化石——傩戏

傩戏又称面具戏，特点就是演员一律戴上各种面具。这种戏剧得以留存，可以说是人类文化艺术和戏剧的活化石。

傩，原本是古代腊月驱逐疫鬼的仪式。在《论语·乡党》中就有"乡人傩"之说。在《吕氏春秋·冬纪》中说："命有司大傩。"大傩就是逐尽阴气，导引阳气，在腊月前一天，击鼓驱疫。

傩戏面具

后来，在大傩之时，还要跳傩舞。这种舞到汉代发展到十分盛大的规模，有"万相舞""十二神舞"等名目。舞者头戴面具，手执武器，表现驱鬼的内容。后来发展成一种娱乐活动，并演变成了"傩戏"。

藏戏是流传在藏族地区的歌舞艺术，它的化装手段之一就是戴面具。面具在藏语中称作"巴"。这种手法早在吐蕃时期就已采用。传说面具是按14世纪云游高僧唐东杰布的面目作模子，人们认他为演藏戏的始祖，所以由此诞生了最初的藏戏面具。藏戏面具是用白发白须的白山羊皮制作的。后来，发展为平面和立体两种造型。内容有温巴（渔夫或猎人）、其他人物和动物面具等。

贵州东部铜仁地区号称中国傩戏之乡，这里分布着苗傩、侗傩、汉傩、布依傩、仡佬傩、土家傩等。贵州民谚有"一傩冲百鬼，一愿了千神""戴上脸子（面具）是神，脱下脸子是人"的说法。面具是一种多么神秘而有意思的娱乐品啊！

06　　南海神庙的致富神——波罗鸡

◇ ....

庙会上的吉祥物

在广州市黄埔区珠江口，有一座南海神庙。南海神庙祭祀的是海神祝融。因为这里是古时海上丝绸之路的起点，所以人们都要定时到这里参拜海神，祝福出海平安。

传说海神的诞生日是农历二月十三日，所以每年这一天，南海神庙人山人海，慢慢就形成了庙会。

这个南海神庙，老百姓都叫它"波罗庙"。为什么有这个别称，有多种说法。一是说古印度派使者到南海神庙参拜，带来两棵波罗树苗，种在庙前。另一说是外国人航海到达南海神庙时，船员会不停地高呼"波罗蜜！"经学者考证，这"波罗蜜"三字是梵文，意思是"到达了彼岸"。

波罗庙的庙会越办越热闹，神庙周围于是形成了集市。集市卖的多半是土特产和手工艺品。而其中最出风头的是一种叫"波罗鸡"的玩具。几乎每一家来逛庙会的人，都要买走一个这样的玩具。

波罗鸡是如何来的呢？有个民间传说。以前，波罗庙附近的村里，住着一位老妇人。她孤苦一人，就养了一只大公鸡做伴。这只鸡体格健壮，叫声嘹亮，引起了村里一个财主的注意。财主喜欢斗鸡，就把这只鸡偷到家里。可奇怪的是，大公鸡一到财主家就不叫了。财主气得把大公鸡杀了，把鸡毛丢到村外的垃圾堆里。

老妇人知道真相后，十分伤心。她从垃圾堆里将鸡毛一根一根地捡了回来。她用泥土做了个鸡身，把捡来的鸡毛用糨糊粘到鸡身上，变成了一只活生生的泥公鸡。

波罗庙庙会那天，老妇人把泥公鸡带到集市上，引起了大家的兴趣。后来，她就做了许多这样的泥公鸡，拿到庙会上去卖，人们都争着买。渐渐地，人们就把这种泥公鸡称为"波罗鸡"，波罗鸡成了庙会的吉祥物和孩子们最喜欢的玩具。

后来，做的波罗鸡多了，就传说其中只有一只是会叫的。如果买到了这只波罗鸡，就会发家致富。于是，波罗鸡又成了南海庙会中的致富神。有一首民歌唱道："神品波罗鸡可叫，求回富贵丁满堂。"

波罗鸡的灵气

波罗鸡到底是什么样子的呢？

传说的波罗鸡一般分有毛和无毛的两种。大小有市斤 30 斤、10 斤、5 斤、3斤、1 斤、0.5 斤、0.25 斤（1 斤 = 500 克）等规格。小的可以拿在手中把玩，大的则是放到桌子上供着或欣赏。

波罗鸡制作工艺十分考究。它身上的泥土取自庙北三里远的铜鼓山，泥质发白，黏性特大。因为南海神庙靠着铜鼓山，所以人们认为那里的泥土充满灵气，用那里的泥土制作玩具鸡也会有灵气。

制作时，先要制鸡模，然后用泥做成壳子。光身波罗鸡就直接在壳子上涂色。

波罗鸡

带毛波罗鸡要在壳子上粘上五颜六色的鸡毛。最后，慢慢烘干。据说，一只传统的波罗鸡共有 36 道工艺，从头到尾完成，得花一年功夫哩！

祖祖辈辈制作波罗鸡的庙头村村民，由于现在生活富裕了，就不再只靠卖波罗鸡维持生计了，这样，会做波罗鸡的人越来越少。为了使南海神庙这个吉祥物不至于失传，于是在庙头小学开办了制作波罗鸡的手工课，请老艺人传授制作波罗鸡工艺。看来，制作波罗鸡，已经后继有人了。

岭南文化的象征

如今，波罗鸡已经不只是庙会的吉祥物了，它几乎已经成了广东乃至岭南文化的象征了。

庙会上的波罗鸡

它在孩子们心中是一种不可忘怀的玩物，在大人们心中则是一种追求幸福的吉祥物，同时它现在又折射出了广州这座城市开放的精神境界。

从波罗鸡这个名字上，就可以看出广东人很早就有吸收外来文化、包容和开放的意识。"波罗"二字就是外来语，指古摩揭陀国，即古印度，中国人叫它波罗国。这两个字又是梵语，为"彼岸"之意。

波罗庙里那两棵从印度来的波罗树，实际是一种木波罗。它原产于印度和马来西亚，我国又叫它树波罗或波罗蜜。它是一种桑科常绿乔木，叶子呈卵形，花小，果实甜美，是一种十分可爱的果树。广东人敢于把一座纯中国式的古庙，用外来语命名，同时还用这个外来语命名一种纯本土化的玩具，这表达了广东人有多么开放的胸怀。

波罗鸡所反映的岭南文化，不仅只是表现在吸收外来文化上，还在于将它融入本土的文化中，从而丰富了本土文化。

从波罗鸡玩具，又衍生出了一种"波罗鸡"美食。这种美食的主料用的则是本土的土鸡和草本波罗。草本波罗有别于木本波罗，所以常写成"菠萝"，又叫"凤梨"和"黄梨"。它果似松球，肉质甘甜，原产于我国台湾、广东、广西和福建，以及巴西。波罗鸡这道美食，如今已成了广东菜的代表之一。当人们在品尝这道美食时，不免会想起同名的玩具来，那真是滋味和玩味的统一啊！

更有趣的是，波罗鸡这种玩具还渗透到了岭南的语言文字中，丰富了广东话的内涵。广东话中有一句歇后语"波罗鸡——靠粘"，它的原意是指这种玩具是依靠鸡毛粘在泥鸡身上而成的。如今，它表达的是一种坚韧不拔的精神，正是这种精神才使广东人得以走在改革开放的前列，用"垦荒牛"的精神，创造出经济发展的奇迹。

07　　神童解缙的考题——四喜娃

◇ ……………

考不倒的小神童

中国国家邮政局于 2001 年前夕，发行了一套贺年明信片。其中标号为 HP2001（12 - 3）的一枚上，画了一幅四个连体的儿童形象，它就是四喜娃。

四喜娃中只有两个头，却可以连生出四个娃娃来。它是谁构想出来的呢？传说这与明朝的小神童解缙有关。

明信片上的四喜娃

解缙出生在江西省吉水县，从小聪明过人。朱元璋建立明朝后，恢复了科举考试。朱皇帝听说解缙聪明，就召他到京都面试。一试，果真名不虚传，就特许他回乡，与那些考取秀才的人一起，进县学读书。

哪知，县学教官心中不服，决心为难他。这一年风调雨顺，五谷丰登，教官就出了个题"风调雨顺出嘉禾"，叫他作画。解缙先画了一幅《如意灵芝》，教官说太俗气；他又画了一幅《迎福纳吉》，教官又说太平庸。解缙知道这是教官在故意刁难自己，就别出心裁，又画了一幅两个头、四个肢休的连体娃娃图。

教官一看，更是不满，呵斥道："今年本县大丰收，官民同喜。你为什么画出一个连体怪胎呀？"

解缙胸有成竹地反击说："我画的是'四喜合局'呀！古人有《四喜》诗：'久旱逢甘雨，他乡遇故知。洞房花烛夜，金榜题名时。'我画的正是象征四喜合局的'四喜娃'呀！"

教官一听，终于被解缙的才学所折服。从此以后，"四喜娃"就成了民间广泛流传的吉祥画了。

从图画到玩具

当然，说解缙发明了四喜娃图案，那只是一种传说。其实，早在明朝之前，就有了类似四喜娃的图案。

西藏阿里地区，在公元 10 世纪到 17 世纪，有一个雄踞一方的古格王国。在古格王国遗址的宫殿天花板上，就画有连体的"四联力士"。这个图案和四喜娃构图完全一样，只不过是用力士代替了娃娃，象征佛法无边。

到了清朝，四喜娃图案则出现在许多年画中。清初刻印的天津杨柳青年画《九九消寒图》中，就有两组连体儿童形象。上面还附有一首诗：

> 几个顽童颠倒颠，冬寒时冷衣不穿。
>
> 饥饱二字全不晓，每日欢娱只贪顽。
>
> 连生贵子亦如意，定要三多九如篇。
>
> 若问此景何时止？九九八十零一天。

在清朝印刷的河北武强年画中，有《五子十成》图，其中有两组连体娃图案，一组是四连体，另一组是六连体，合成"五子十成"。清代苏州桃花坞年画《五子日升》，则是一组十连体的"十喜娃"。

由于四喜娃图案充满喜气，又有"连生贵子"的寓意，因此就有人按图样塑造成立体玩具"四喜娃"来。

早在唐代，就有了铜质四喜娃玩具。中国"铜都"安徽铜陵就出土过铜质四喜娃。如今四喜娃还成了该市的标志性铜雕。

铜质四喜娃

　　新西兰著名社会活动家路易·艾黎在中国工作多年，他也收藏了一件明代铜质四喜娃镇纸。这件古玩现在珍藏在甘肃山丹县路易·艾黎陈列馆中。在上海博物馆举办的"丝绸之路文物展"中，也展出了铜质四喜娃镇纸，这说明四喜娃也是古代丝绸之路文物之一。

　　随着四喜娃图案的深入人心，现在各种材质的四喜娃玩具纷纷出现，如玉质、石质、瓷质、陶质、木质、布质、泥质等。

　　四喜娃的功用，除了把玩外，还作为吉祥物佩戴在身上。河北、山西等地，还有用面制成四喜娃供品的习俗，以求早生贵子和保佑平安。

走向世界的四喜娃

　　四喜娃连体图案，从美术上看，是采用了"共用形"造型。从数学上分析，是借用了形与形的重合和共用原理。

　　四喜娃的四个娃娃，实际上共用了两个头、四只胳膊和四条腿，构成连体组合形象。初看以为只有两个娃娃，实际是四个娃娃，其中一个正立、一个倒立、一个仰着、一个趴着。这种共通性概念，使它跨越了国界，成为世界艺术界的共识。

早在 13 世纪，欧洲就出现了类似的"三面人"造型。他有 3个头，却只有 4 只眼睛，原来有两只眼睛是共用的。1290 年，西欧就出现了"洋四喜人"造型。1710 年，印度则出现了一种类似"九喜娃"的瑜伽人物造型。

日本幕府时代天保年间的画家五湖亭贞景，也画过连体人物画。他画的"五子十童图"和我国清代的《五子十成》图构图完全相同。明治十四年（1881），另一位日本画家，用同样构图作了一幅"孕妇交嬉戏"图，图中描绘了胎儿在母体内的发育过程。胎儿共有 6 头 12 体，类似"十二喜娃"。更有甚者，天保时代日本风俗画家国芳还画了一幅"呵欠人物百态"图，图中看似只有 14 个人，但可以组合出 35 个人来，简直是一个"三十五喜人"了。

美国波士顿美术馆收藏了一幅 17 世纪的波斯画，画中呈现的是两匹连体马，一匹向左奔跑，另一匹向右奔跑。奇妙的是，画中只加了四条弧线，两匹活马就变成了两匹死马。19 世纪末，美国著名智力大师萨姆·罗伊德根据这幅画的构思，发明了一种"死马变活马"的智力玩具。这种玩具推出后，曾在美国风靡一时。美国当代最伟大的智力大师马丁·加德纳认为，这种玩具的创意灵感，就来源于中国的四喜娃。

2006 年，国际儿童读物联盟第 30 届大会在中国召开。当时大会征集会标，中标的就是四喜娃图案，并给这个图案赋予新的寓意：改革和发展中的中国童书出版界迎来大会召开，如"久旱逢甘雨"；五大洲同行在中国相聚，如"他乡遇故知"；中外童书界联姻，如"洞房花烛夜"；大会成功举办，将催生未来书坛的"金榜题名时"。

08　舌尖上的耍货——面人、糖人

◇ ·················

甜蜜的回味

在我国古老的民间玩具中，有一类特殊的耍货。特殊之处是，它们可以吃。

"民以食为天"，这是一句老话，也是一个真理。中国人制造出形形色色的食物来供人吃，以饱肚子。在吃饱肚子之后，就会想到玩。这样，既可食、又可玩的玩物出现了。过去，人们把"吃、喝、玩、乐"当作是不正当之事，其实，这四样东西是人们幸福的标志。

在能吃的玩物中，最有名的是面人、糖人、糖画等。面人是用米、面捏塑而成的；糖人是用糖吹出来的；糖画是用糖浇出来的。还有一种糖塑，则是用糖雕塑出来的，是立体的糖画。

这些能吃的玩物，指的是用食品原料制作出来的，虽然可以吃，但决不可随便吃。因为它主要是供玩赏的，你爱它，就舍不得吃它。更重要的是它不卫生，吃下去有碍健康。

让我们尽情玩赏它吧，把它作为一种甜蜜的回味，留在你的眼睛里、心里，而不是舌尖上、嘴里。

惟妙惟肖江米人

面人一般都是用江米面制作的，所以通常又称为"江米人"。

提起用面制作可观赏的玩物，其实在我国历史非常悠远。早在唐代就有了各种好看的花式面点。新疆吐鲁番出土的唐代墓穴中，就有造型十分精美的"花色果子"。这种花色果子可以说是可供欣赏的食品玩物的始祖。

到宋朝，用米、面制作的食品玩物已经完全摆脱了食用属性，主要供玩赏用了。那时，流行制作重阳糕，其中就有用米粉做的"狮蛮"，放在糕点上，作为装饰。这"狮蛮"就相当于今天所谓的狮子王，即"面狮王"！那时，还有用面制作的武将造型，号称"果实将军"，这就与当今的面人无异了。

旧时，面人除了作观赏用外，还有多种象征意义。比如老人过生日时，会在寿桃上插上"八仙"面人，象征"八仙庆寿"。为亡人上供的馎馎上则要插上阴间"负罪鬼"面人，以求到阴间消罪。小孩满周岁时，姥姥家则要在寿桃上插上"麒麟送子"面人，以求多子多福。

面人

明清以后，面人完全不是当食物，而专作观赏玩物用了。这种面人大体有两种类型，一种是竹签式，插起来玩赏；另一种是用玻璃匣子装起来，摆着观赏，这就比较高档了。

卖竹签面人的艺人一般都是沿街走着，边走边卖。清代《顺天府志》中，就记有"负长架小箱，以各色面，捏各种人物虫鸟"的艺人卖江米人的内容。这种"长架小箱"，箱内装的就是捏江米人的原料，捏好的江米人就在长架子上展卖。

匣装面人多在北京琉璃厂店家摆卖。《琉璃厂小志》中说："以江米面捏成人物、鸟兽以及戏剧故事，装入小玻璃匣，可以经久不坏。"

北京著名的面人艺人有"面人郎""面人汤"和"面人曹"等。面人郎的拿手面人是微型面塑。他的面塑人物"水帘洞""花果山"，可以放在半个核桃壳内。面人汤的拿手作品是历史人物和神话人物，如"武松打虎"和"托塔李天王"等。面人曹是后起之秀，他 1962 年制作的《大观楼》面人，人物多达 300 多个，简直是一部微型立体《红楼梦》。

甜甜蜜蜜的糖人

提起糖人，它的历史也很久远。北宋曾慥在《高斋漫录》一书中，讲述了一个有关"糖狮"的故事。

北宋熙宁（1068—1077）时的上元节里，宣仁太后登宣德楼观灯。召外族亲戚一起上楼欢聚。神宗皇帝赵顼要赏赐外族亲戚礼物。皇帝询问太后赏什么，太后说："大的每人赏绢两匹，小孩每人赏乳糖狮子两个。"

这乳糖狮子就是糖人的前身呀！因为我们现在说的糖人不是专指糖做的小人，而是泛指糖制的人物、动物等。

宋代科学家宋应星在《天工开物》一书中，详细记录了糖狮子的制法："凡狮象糖模，两合如瓦为之。"原来狮象等都是用两片合成的模子塑出来的。

明代，有一种祭品"糖丞相"，也是用糖铸塑而成的。这种糖丞相，祀仪之后不能吃掉，就成了儿童玩具。

现在的糖塑基本上不用模子，全靠手艺，用糖加上凝固剂，浇成各种形状。这类糖塑艺人多来自天津。作品大多为花卉和动物造型，其中以糖蝈蝈最为生动。

清代以来，糖人工艺转向吹制，这就是所谓吹糖人。清末出版的《故都市乐图考》中，就有吹糖艺人挑着担子走街串巷叫卖的形象。

吹糖人的方法是用麦芽糖揉软，然后边吹边拉捏，变成各种人物、动物造型。在吹制过程中，同时插入竹签。糖稀遇冷凝固成型，就成功了。这种糖人十分受孩子们的欢迎，它生动、逼真，加上是空心的又很轻巧，玩赏起来很方便。

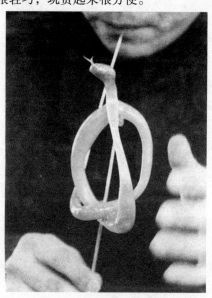

吹糖艺人在吹糖蛇（胡铁湘摄）

另有一种糖人不是吹出来的，而是画出来的，这种糖人叫"画糖人"，也叫"糖画"。就是将糖熬成糖稀，然后用勺子舀起，慢慢倒在平滑的石板上。倒出的糖稀要呈线状，这样才能顺畅地在平板上作画。画糖艺人要有一定的绘画技能，才能在平板上用一笔画的方式，迅速画出一幅画来。画的内容多为动物，如龙、凤、虎、蛇等。画的同时，还要在画上摆一竹签，再在竹签上浇一点糖稀，把竹签凝固在画上。待画全部凝固，轻轻拿起竹签，就可以举起糖画来欣赏了。

糖画因为是平面的，所以如果面积过大，竹签很容易脱下。因此，糖画不经玩，时间一长就易损坏。

糖人虽然很甜，但也只能看，不可吃，因为它不卫生。正如前面强调的，对待这种甜蜜的艺术品还是留在眼睛里，不要留在舌尖上为好。

09 中药铺蹦出的"半寸猢狲"——毛猴

◇ ....

辛夷和蝉蜕

毛猴是北京特有的一种民间玩具，它的外形像只小毛猴，大约只有半寸大小，所以得名"半寸猢狲"。

这"半寸猢狲"是怎么创造出来的呢？传说是清代道光年间一位王姓艺人创制的，后来又传给了一位叫钱逸凡的艺人。而更合逻辑的传说是从北京老字号中药铺南庆仁堂里蹦出来的。

大约是在晚清年代，南庆仁堂药铺的伙计在翻捡药材时，发现这蝉蜕的头很像猴头，蝉足很像猴脚；又发现辛夷满身是绒毛，很像猴身。于是，他萌发了用辛夷和蝉蜕来制作小毛猴的想法。

怎么做呢？他又想到另一味中药白芨，这是一种很好的黏合剂呀！于是，取下蝉蜕上的头和足，用白芨粘在辛夷上，一只活脱脱的"半寸猢狲"！就这样，毛猴这种小玩意儿诞生了。经过一个多世纪的改进，毛猴这种别具特色的北京玩具，已经从中药铺走向民间，从北京走向世界了。

那么，辛夷和蝉蜕又是什么东西呢？

蝉蜕比较常见，它就是"知了"皮。即蝉在羽化时，脱落的一

装在玻璃匣子里的毛猴

层半透明的皮壳。知了一般在夏天脱皮。将皮采集后晒干，色呈棕色，头外形又近似猴头，所以是制作毛猴的理想原料。

蝉蜕在中医中有祛风热、利咽开音和镇定作用。小朋友有时在野外的树枝上会找到它。

辛夷就是玉兰花的花蕾。玉兰树是一种观赏性花木，十分名贵，一般栽培在园林和庭院里。玉兰树越冬结花蕾，在早春时开花。它尚未开放时，花蕾呈毛绒状。这时将它采下，晾干，梳理后，很像猴身子。辛夷在中医里有祛风寒、通九窍的功用。早春时节，玉兰花是北方最早开花的树木之一，是人们十分赞赏的一种春花。

白芨的块茎富含淀粉，捣碎加热后呈糊状，是一种十分好的黏合剂。早期的毛猴都是用它来粘接的。现在由于白芨材料的缺乏，大都改用乳胶了。

毛猴在中药铺做出来的只是一个雏形。要成为一种好玩好看的玩物，还要丰富场景，才能成"猴戏"。

"猴戏玩物"

一本讲述北京琉璃厂文化街历史的图书《琉璃厂小志》中，讲到琉璃厂厂甸庙会的各种儿童玩物，其中就提到毛猴。书中说，"猴戏玩物"是"以中药辛夷作猴身，蝉蜕作猴头及四肢，有单个猴形，有成群猴者：制成猴子开茶馆，猴子拉大片，猴子打球以及花果山等景物"。

原来，这"猴戏玩物"是以毛猴为主角，演示出各种大小戏。这戏中有的是单个猴作角色，有的是群猴作角色。

早期的"猴戏玩物"作品，主要反映市景民情，这是因为这种小玩物当时登不了大雅之堂。这其中有剃头的、淘粪的、倒水的、推小车的、卖糖葫芦的、开茶馆的、拉洋片的、算卦的等。到后来，题材扩展到民俗和官场，如娶亲、县官出巡、胡同生活、大宅门内外等。现在，新鲜、时尚的题材也出现了，如打台球、迎奥运、黑客帝国等。

打台球的毛猴

有一位毛猴艺术家任文仲，还将过去人生的期望用毛猴来作寄托，他制作了八组毛猴，描述了旧时人们对衣、食、住、行、娶妻、当小官、做宰相、成皇帝的企望。只可惜，最后企望过度，幻想破灭。为此，他还为这组毛猴作品配了一组打油诗：

> 人生一世求衣食，有了食来又想衣。
> 长袍短褂做几套，回头又嫌房屋低。
> 高楼大厦盖起来，屋里缺少美貌妻。
> 红粉佳人做陪伴，出门没有大马骑。
> 出门骑上高头马，有钱没官被人欺。
> 七品堂皇做知县，小官又被大官欺。

当朝一品做宰相，不如面南去登基。

面南登基坐天下，想和玉帝成亲戚。

人心无止蛇吞象，气是清风肉是泥。

看着这组毛猴，对照这组打油诗，不仅可以得到美的感受，而且也可得到人生的感悟。

小玩物，大舞台

著名京味作家老舍的夫人胡絜青，是一位著名的画家，她在看到艺术家曹仪简制作的毛猴之后，大加赞赏，写诗赞道：

半寸猢狲献京都，惟妙惟肖绘习俗。

白描细微创新意，二味饮片胜玑珠。

诗中提到的二味饮片即指辛夷和蝉蜕，她认为不值钱的中药饮片胜过珠宝。她从一个画家的角度，将毛猴中的艺术和中国绘画相比，认为毛猴就像绘画中的白描，朴素中见细微，简直是艺术的创新。确实，初看这小毛猴，会以为简单、土气，但是在艺术家的眼中，它真不可小觑，难怪国际友人见之大加赞扬。毛猴艺人曹仪简还被联合国教科文组织授予"民间艺术大师"哩！

毛猴艺术家任文仲对自己制作的毛猴十分钟情，他作诗赞曰：

天然料，手工造。好收藏，品味高。

看一眼，准发笑。心情好，不显老。

他认为毛猴好处极多。首先它用的是天然材料，非常环保。制作工艺纯手工，艺术价值高。它已从儿童玩具上升到收藏品，而且品味高。它不光好玩，还好看。看过之后，心情好。心情好，身心就健康，老人也会生出童心。

小小毛猴，真可在大舞台上显身手啊！

10　火焰精照亮的不夜城——走马灯

◇ ⋯⋯⋯⋯

"转影骑纵横"

　　走马灯是花灯中的奇葩，最受孩子们欢迎。在宋朝一幅《宋人观灯图》中，画有许多灯。在画中一个桌子上，放着一个方匣子，匣子里露着一个叶片轮，那就是一个走马灯。由此可见，在南宋时期，就有了走马灯了。

　　南宋诗人范成大《上元纪吴中节物俳谐体三十二韵》中有一句"转影骑纵横"，说的就是走马灯。这句诗点出了走马灯的特点，就是可以从灯壁上看到旋转的影子，这些影子就好比战士骑着马，纵横千里飞奔向前。这就是"走马灯"名字的由来。

　　为什么走马灯的灯影会动呢？元朝诗人谢宗可用诗作了生动的解释：

> 飙轮拥骑驾炎精，飞绕人间不夜城。
> 风鬣追星来有影，霜蹄逐电去无声。

　　诗中说到了走马灯的灯架上方装了一个叶片轮，叶片轮上装有纸人纸马。灯架下方放有蜡烛，当蜡烛烧热空气后，热空气就好比火焰精灵一般推动叶轮像狂飙似的飞转。由于叶轮上装有纸人纸马，所以就像千军万马在一座不夜的城中绕行。它就像疾风追着天上的星星留下了影子，又像霜地里的马蹄追逐着空中的雷电却没有声响。诗中将烛火比作"炎精"，将风轮比作"飙轮"，将走马灯比作一座"不夜城"，这是多少贴切而精彩的描述啊！

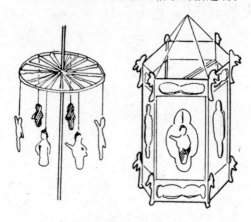

走马灯

"叹息终宵走马灯"

走马灯本是节日夜空的玩物，小孩看着是多么的好玩，可是在一些文人的心目中，它却别有一番趣味。

王安石观走马灯

　　传说北宋名相王安石 23 岁赴京赶考时，路经马家镇，看到有户人家门前悬挂一具走马灯，上面有一副对联，但只写了上半联："走马灯，灯走马，灯熄马停步。"王安石记在心里。正巧考试时，考官指着厅前飞虎旗，说了个下联："飞虎旗，旗飞虎，旗卷虎身藏。"要王安石对上联。王安石就将路上看到的走马灯上的上联对上了，于是高榜得中。在王安石心中，走马灯是他的福星。

　　外国人也对中国走马灯感兴趣。公元 11 世纪波斯诗人欧玛多·哈亚姆在哲理诗中说："人生在世，如同走马灯，你上场来他下场。"他在诗中还说："我举目仰望广阔恢宏的天穹，把它想象成巨型走马灯。太阳好像烛焰，世界恰似灯笼，我们则有如来回游戏的图形。"

　　清朝文人富察敦崇在《燕京岁时记》中，把走马灯比作一部演化的历史。他说走马灯的"车驰马骤，团团不休"就像时代的变迁，"上下千古，二十四史中无非一走马灯也"。

　　清朝《百戏竹枝词》中更进一步用走马灯来比喻人生：

> 络绎无休影里形，附他余焰费趋承。
>
> 人前岂少劳劳者，叹息终宵走马灯。

　　意思是说，人生在世，就像走马灯，在它余下的火焰中，留下无休止的影子。一生劳碌，日夜操劳，多么令人叹息。

　　明代诗人黄辉在一首吟咏走马灯的诗中，却幽默地奉劝人们不要说人生无路，不要发火：

> 团团游了又来游，无个明人指路头。
>
> 除却心中三昧火，刀枪人马一齐休。

　　说的是走马灯转来转去，似乎没有前进的目标。但是，你要除去心中蒙昧的火气，因为这正像走马灯里的蜡烛一样，熄灭了就没有灯影了，那千军万马的情况就全部休止了。

天上的"走马灯"

　　不同人对走马灯这同一个事物，有不同态度：儿童看着好玩，文人看着抒情，而科学家则看到它的科技价值。

　　大家也许不知道，走马灯的工作原理，和现代航空发动机的基本原理完全相同。早在 16 世纪时，西方就把它用在实用的动力机械上。

　　清人徐珂在《清稗类钞》一书中就提到："咸丰时，西人某来华，见走马灯而异之，购一具以归，遂因以发明空气涨缩转动机械原理。"原来，有个西方人在中国看到走马灯，十分惊异。他买了一只回去，根据它的原理造出了空气胀缩转动机。这种空气胀缩转动机就是现在的燃气轮机，即现在喷气式飞机上用的涡轮发动机。这种发动机内有类似走马灯的叶轮。叶轮压缩空气，点燃后会产生力大无比的热气，从而推动涡轮旋转。同时，高压的燃气喷出后，会产生巨大的推力。将这种发动机装在飞机上，就成了现代化的喷气式飞机。涡轮发动机的发明，促使喷气式飞机诞生，因而引发了航空史上的一次革命。从这一点来看，走马灯竟是现代喷气发动机的"祖先"，飞机创新的推动力哩。

　　对于这件事，清代富察敦崇在《燕京岁时记》中还有一番评论："走马灯之制，亦系以火御轮，以轮运机，即今轮船、铁轨之一斑。使推而广之，精益求精，数百年来，安知不成利器耶？惜中士以机巧为戒，即有自出心裁精于制造者……安于愚鲁，则天地生材之道岂独厚于彼而薄于我耶？是亦不自愤耳！"

　　这番话今天看来，实在十分精辟。他把走马灯的原理比作火车、轮船的发明，虽然不很贴切，其实火车和轮船在当时还未用上燃气轮机，但他还是看到了它的前景。他批评当时有些人安于愚鲁，厚彼薄我，不早一些把走马灯原理用在现代科学技术中。

另类走马灯

　　在走马灯发明的同时，我国还出现一种类似的活动影灯，它就是沙子灯。

　　沙子灯是用沙子的流动，代替走马灯中的热气，来推动叶轮，产生活动的影像。

　　大概也是在宋朝时，就有了沙子灯。《武林旧事》一书中说：

"若沙戏影灯马骑人物，旋转如飞。"由此可见，沙子灯和走马灯一样，人马影子也能快速旋转。

沙子灯用沙子流动产生动力，源于古代的沙漏，也就是一种用沙子漏出而计时的工具。

沙子灯的灯影除了兵马外，还有其他题材。清代顾禄在《桐桥倚棹录》中说："又有童子拜观音、嫦娥游月宫、絮阁、闹海诸戏名，外饰方匣，中施沙斗，能使龙女击钵，善才折腰，玉兔捣药，工巧绝伦。"

有时，工匠们还将沙子动力和人力合于一灯，其中既有丝线牵动，又有沙子推动，这样演示的内容就更复杂了。明代《正德琼台志》记述了这种灯的细节："灯用通草，雕刻人马故事，彩绘，衣以绫罗，中阔机轴，系以丝线，或用人推斡，烟嘘沙坠，悉成活动。"

沙子灯如今已经不见了，大概是因为沙子不能装得太多，致使活动时间太短，而不能吸引人眼球。但是，作为一种曾经的活动灯具，它还是留在人们美好的记忆中。

11　　升到空中的天灯——孔明灯

◇ ⋯⋯⋯⋯⋯⋯⋯

蛋壳也能飞上天

孔明灯实际上是一种热气球，是一种利用热气密度低于一般的空气，而可以浮在空中的一种灯具。有人看到"孔明灯"这名字，以为是三国时期的诸葛亮（字孔明）发明的。其实，这是一种误解，因为早在三国以前的西汉时期，我国人民就懂得热气升空的原理，造出过热气球。只因为《三国演义》中把诸葛亮描绘成智慧的化身，所以后人就把许多智慧的发明，包括热气灯，也说成是孔明发明的，并起名"孔明灯"。

汉武帝时候，淮南王刘安的门客编了一本名为《淮南万毕术》的书。书中讲了鸡蛋壳也能飞起来。方法是先在鸡蛋的壳上打一个孔，倒出其中的蛋液，然后将艾火装在鸡蛋壳里，这样整个鸡蛋壳就会变轻，浮起来。

当然，这个办法能不能使一个蛋壳飞起来，值得怀疑。但是，这里用热气来使物体升空的原理，则是很正确的。因为鸡蛋壳里装上热气后，就成了热气"球"了。只不过，鸡蛋壳还是比较重，鸡蛋壳的体积还不够大，容不下足以使它升空的热气，所以还难以飞起。不

让蛋壳飞起来

过，鸡蛋壳体积足够大的话，升起来则是完全可能的。

　　大约在一千年前，我国有人还真的使"蛋壳"飞上了天。不过这个"蛋壳"是一种像蛋壳那样的纸灯。相传当时由于战乱，有一个叫莘七娘的女子随夫从军。那时，作战的地点在福建西北的山区，联系不便。为了在空中照明和作为联系的信号，莘七娘用白色的纸，制成各种灯。然后，在灯里点上蜡烛。由于纸灯很轻，蜡烛点燃产生的热气，真的使纸灯浮起来了。这大概算是我国最早的孔明灯了。

　　热气灯在元朝时，已经广泛地用在军事上了。当时主要也是用它来作信号灯。据说元军首领成吉思汗在 1219 年西征时，就用各种颜色的纸糊制了各种信号灯。同时，他还制作了一种龙形的热气灯，这种灯十分威武，不仅壮了军威，而且吓唬了敌人。战士见了这种圣物，军心大振；敌人见到这种怪物，军心涣散。

　　与此同时，热气灯也传入了民间和宫中，成为一种喜庆工具和娱乐玩具。1306 年，元朝第一个皇帝登基时，就在京城放飞了许多热气球，以示庆祝。

　　热气灯传入民间后，在各地广泛普及。由于地

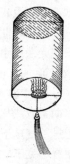

孔明灯

区不同，各地的叫法也不一样。有天灯、飞灯、云灯、飓灯等许多名称。而其中最常见的名称是孔明灯，这除了附会是诸葛孔明发明的以外，还因为灯上贴的纸上有透光的孔，灯光会从孔中透出，露出一个个亮孔，所以又叫"孔明灯"。

荣誉不能让给囚犯

热气球可以升上天，那么，人类能不能乘热气球上天呢？这个梦想埋藏在人们心中多年，直到1783年，才真正得到实现。

实现这个梦想的推动者，是法国的蒙哥尔费兄弟。这兄弟俩小时候受烧着的纸片会飘上天的启发，用布袋装上热气，使布袋飞了起来。

这一年9月19日，蒙哥尔费兄弟来到巴黎凡尔赛宫前的广场。他们在那儿架起了一个大灶台，在灶台上方，固定了一个大球袋，袋下系着一只吊篮，吊篮里装着一只羊、一只鸡和一只鸭子。下午一点钟，蒙哥尔费兄弟在灶台上点上火，火焰把热气装进球袋内，袋子慢慢鼓成球状。这时，他们解开固定球袋的绳子，热气球徐徐上升。几分钟后，它飞到450米的高空。然后它一直飞到3千米外的森林上空，徐徐落到地面。三位"动物"乘客安全返回了地面。

动物上天的成功，使蒙哥尔费兄弟想把人送上天。可是，叫谁第一个上天去？这第一个人是需要冒险的啊！

消息传到法国国王路易十四那里，他决定叫两个囚犯去冒险。他心想，反正这二人是死囚犯，如果失事，就权当执行死刑了。

有一个叫罗泽尔的青年，得知这一消息，他想，乘气球上天是一项光荣的事情，不能把这一荣誉让给囚犯。于是，他决定自己去做这第一次飞行。

10月21日，在巴黎近郊的米也特堡广场，竖起了两根木柱，上面系着热气球。木柱间的灶台上点起了熊熊火焰。罗泽尔勇敢地走进了气球下的篮子里。气球充满热气，慢慢上升了。不久，人们便看不见了。正在人们担心时，罗泽尔在9千米外的麦地上，平安着陆了。

人类第一次飞上天了，而第一次载人上天的飞行器的"祖先"，竟是人们儿时的玩具孔明灯。

热气球的兴衰

热气球为人类第一次飞天立下了汗马功劳，但是，它热闹了一阵之后，很快就消失了。这是为什么呢？原来，一是不安全，二是飞不高。

由于热气球里面充的是热气，到高空后，因为温度低，热气会冷却，所以它飞不高。目前，最高纪录是13750米。这样的高度，对于人类探测宇宙的要求来说，是远远不够的。

为了增加飞行高度，就必须在热气球上再架设灶台，继续加热空气。这样就十分危险，因为在气球上有明火作业的话，是会烧着球体的，很不安全。再说，越到高空，气温也越低，继续加温也不现实。何况，到高空，空气十分稀薄，也无气体可加温了。

加上后来出现了更先进的氢气球和氦气球，所以，热气球不久就被淘汰了。

不过，现在，人们又怀念起热气球来了。这是为什么呢？因为现在能源出现危机，人们在寻找新能源。科学家想，天空中有一种不花钱的能源太阳能，它不但安全，而且取之不尽，用它去充热气球，不是十分理想吗！

现在有人设计了一个直径足有1600米大的太阳能气球。它是用轻合金加上蒙皮制成的。上面装有许多太阳能采集器，在阳光照耀下，内部空气加热，可以使热气球获得1200吨升力。预计它可以载8000吨东西，升到平流层的高度。升到空中，真像一座空中城堡。人们在等待这个新时代的孔明灯飞行成功。

至于玩具孔明灯，由于它不安全，所以在城市里一般是禁放的。但是在旷野安全的地方，人们会把它作为一种娱乐和祝福性的玩具玩起来。

12　　酒中显影的传家宝——蝴蝶杯

◇······················

杨香武三盗九龙杯

京剧里有一出戏，叫《杨香武三盗九龙杯》。讲的是汉朝的一个传奇故事。

传说汉高宗有一件国宝，这国宝叫"九龙杯"。它十分珍贵，简直价值连城。于是，盗贼杨香武想偷盗它。但是，由于九龙杯深藏宫中，又有侍卫官严加看守，所以一盗、二盗，终不得手。这样就有了三盗九龙杯的故事。

九龙杯到底是一种什么样的东西，竟然如此珍贵呢？

原来，这九龙杯就是一种酒杯。初看起来，它似乎和一般的酒杯没有什么区别，圆圆的杯身、高高的杯足，平平凡凡。但是，一旦在杯子里装上酒，这杯酒就和一般杯子的酒不一样了。原来，清清的酒水中，突然升起九条龙来。这九条龙生龙活虎，似乎在大海中翻腾。

多么神奇的酒杯啊！类似的酒杯，还出现在另一出京剧里。那出京剧叫《蝴蝶杯》，讲的也是一个酒杯的故事。

这个故事的主角不是皇上，而是一个寻常人家。他家也有一个奇怪的传家宝，叫蝴蝶杯。这蝴蝶杯也和九龙杯一样，外表十分普通。然而奇迹也是在杯中倒了酒之后，它也会显现出东西来。不过这东西不是九条龙，而是一群飞舞的蝴蝶，所以这种杯子叫"蝴蝶杯"。

蝴蝶杯显影

蝴蝶杯和九龙杯虽然显现的东西不一样，但都有倒酒后显影的功能，所以，一般都把有这类功能的杯子叫作"显影杯"。

显影杯之所以被描绘得如此神奇，其原因就是"无中生有"。说它是汉朝的国宝，只不过是传说而已。说它是传家宝，倒可能是事实。因为在我国山西省侯马地区，就流传着类似的民间故事。并且早年间那里就有制作显影杯的作坊。

侯马生产的显影杯也叫"蝴蝶杯"，它制作精细、细腰、高脚、宽脚，像一只反扣的银铃。杯呈玉色，镶金边，外壁画有二龙戏珠图案，内壁则画有花朵。当杯中倒上酒时，则有一只彩蝶从杯中飞出，似在花中飞舞。酒喝尽后，则彩蝶隐去，似乎随酒飞入饮者口中。

原来，蝴蝶杯只是一种饮酒时的娱乐品，也可作为一种变魔术的玩物。所以，有时人们会把这种玩乐也称作"唇边上的微笑"。

光线玩的把戏

为什么一个杯子在没酒时，里面什么影子也没有，而倒上酒后，就会有龙呀、蝴蝶呀这类的影子呢？原来这都是光线玩的把戏。

如果粗略观察显影杯，它的外形似乎和一般的酒杯大体一样，但是仔细观察，它们的杯底形状还是不一样的。一般的酒杯，杯底是平的，或是凹下去的。而显影杯的杯底却是凸起来的，像一个反扣的半球。

这个半球形的东西，实际上就是一个上凸下平的透镜。在制作杯子时，先在这个透镜下方放一张画有图画的画片。画片上画着九条龙或一群蝴蝶。然后再将凸透镜压住画片，用胶把它们固定在杯底。

我们知道，光线经过凸透镜，会产生折射现象。当杯中没有酒时，通过画片射出去的光线，经过凸透镜时，会折射到杯中，产生一个虚像。由于设计得很巧妙，这个虚像被放大得很大，大得人们看到的只是虚像的一小部分，而且模模糊糊的，根本分辨不出图像来，更看不出什么龙和蝴蝶，好像杯中什么也没有。

但是当杯中倒上酒后，酒没过凸透镜，情况就不一样了。这时，凸透镜上方的酒就形成一个类似倒扣的凹透镜。这个凹透镜会把原来形成的大虚像缩小，最后在我们的眼中，还原成一个原大的图像。由于酒形成的凹透镜和原来安置在杯底的凸透镜正好融合在一起，所以整个杯中就像放了一块平面透镜一样，这时杯底的图像就自然可以看到了。

那么，这时我们看到的龙呀、蝴蝶呀，为什么会飘飞起来呢？原来这也是由于光线折射产生的效果。

我们从酒面上方观察酒中的画面，由于

酒

平凸透镜

图片

杯座

蝴蝶杯

光线经过酒面的折射，就会像弯折了似的。原来在杯底的画面就会向上，这样看起来就像飘起来了。

窥管和拉洋片

显影杯的原理，主要是光线经凸透镜的折射。其实，依靠这一原理的，还有许多玩具。比如窥管和拉洋片。

1608年，荷兰米德尔堡一家眼镜店的老板汉斯正在磨镜片。有两个小孩觉得镜片好玩，就拿起两片凸透镜去看远处教堂的风向标。一看，这风向标竟然放大了。于是，惊奇地大叫起来。

汉斯听见叫声，出来拿起镜片一看，果真如此，受此启发，他发明了望远镜。不过，那时他只是把这种东西当作玩物，就给它起了个"窥管"这样的像玩具一样的名字，意思是"能看见东西的管子"。

后来，窥管慢慢从玩具变成了一种工具和仪器，即望远镜。这是从玩具演进为工具的一个实例。

我国还有一种玩物，也是利用了凸透镜，这种玩物叫"拉洋片"。

拉洋片就是在一个大木箱里，设置了许多画片，画片多是西洋景色，所以叫"拉洋片"或"西洋景"。木箱外面开了许多观察孔，孔中安置了带凸透镜的"窥管"。人们可以通过窥管去看里面的画片，由于画片经过放大，加上拉洋片的人在外面演唱，就绘声绘色了。

13 穿越童年的公仔纸——洋画片

◇ ⋯⋯⋯⋯⋯

从《宇宙牌香烟》谈起

著名相声演员马季，在春节晚会上说了一段单口相声《宇宙牌香烟》。相声中谈到香烟商为推销香烟，不惜把香烟盒制成一套，要买全一套才有奖。这种销售香烟的方式，早在清末、民国初年就出现了。

当时，外国洋烟拥入中国，为打垮中国本土烟，就在香烟中附上小画片，以吸引顾客购买。这种小画片，在广东一带叫"公仔纸"，上海叫"香烟牌子"，天津叫"毛片"，北京叫"洋画儿"，而在内地大多数地方则叫"洋画片"或"烟画片"。这是因为当时人们称香烟为"洋烟"，加上早期的烟画片画的大都是西洋景和西洋人物之故。

早期的洋画片，不只香烟中附有，别的商品中也有夹带。比如糖果、香皂、化妆品等。如果说，洋烟中的小画片主要为吸引烟民的话，那么化妆品中的小画片则主要为吸引妇女，而糖果中的小画片就为吸引儿童了。

洋画片的内容五花八门，主要有美女、风景、民俗、成语、文学故事等。它们除了可以欣赏外，还可以从中得知许多知识，收集起来也可以算是一部小小的百科全书。此外，由于其历史悠久，存世不多，又是一项不可多得的收藏品。还有一个用途，就是孩子们往往用它来拍着玩，这就是童年游戏"拍洋画片"。

可贵的收藏品

1910 年美国生产的香烟画片，上面印有匹兹堡著名棒球明星华格纳，价值 65 万港元

洋画片不只是在中国销售的洋烟中有，在国外，早期的外国香烟中也有针对本国顾客附送的洋画片。有的洋画片由于珍贵，已经成了很有价值的收藏品。

1900 年，美国一家烟草公司印制了一种扑克牌式洋画片，画片的画面印有美女、花色和数字。收集全一套完整的扑克牌，要买数以百计的香烟。这套洋画片已经成为古董，难以寻到。

1910 年，美国彩印的一种香烟洋画片上，印有匹兹堡著名棒球明星华格纳的肖像。棒球是美国的国球，华格纳是当时红遍全美的球星。这款洋画片已经罕有。在香港的一次拍卖会上，拍出 65 万港元的天价。

20 世纪初，法国一种香烟中附送的洋画片，竟是一种玩具占卜画片。这种画片源自吉卜赛人的算命扑克。这种洋画片更是难以收集齐全，成为收藏者追求的珍品了。

据考证，国产香烟中附洋画片，大概始于清光绪三十年，即 1904 年。首创者为南洋兄弟烟草公司的经理曾少卿先生。

香港一位收藏家，珍藏了两组清末妇女题材的洋画片。其中一组共两套，一套是半身像、另一套是全身像。更可贵的是还有一组是可以用作牌九游戏的洋画片，也是两套，一套是妇女头像，另一套是全身像。这两组洋画片是研究清朝妇女生活和衣着的可贵资料。

民国以来，由于大量洋烟传入，其中附赠的洋画片题材越来越广泛。在 20 世纪 30 年代生产的烟画中，以外国性感女星像最多。后来，题材逐渐中国化，有了中国民间故事、文学故事、中国民俗、中国历史人物、中国名胜古迹、成语故事、戏曲故事等。

新中国成立后，烟画很少了，但为了满足人们的需要，则印刷了一种连版的烟画图。它可以切开，成一张一张的洋画片。这种连版画片，已经不是附在香烟中的那种洋画片了。

一般的洋画片，尺寸约为 6 厘米 × 3.5 厘米左右的长方形。但也

20 世纪 30 年代中国制造的英国"红印"牌香烟及香烟画片

有一些特殊尺寸的。比如清光绪、宣统年间，有一种 20 厘米 × 13 厘米的大洋画片，是附送在 500 支装的香烟盒内的。这种香烟以老刀牌为多。民国期间，还出现了一些异形洋画片，如中国克富烟公司出品了一种三角形烟画片，中国长丰烟公司还出品了一种葫芦形烟画片。

烟画片作为一种消失了的玩物，已经成了收藏爱好者的追求对象。2001 年，中国书店举办过一次"20 世纪稀见书刊资料拍卖会"，会上拍卖了一套 120 张的《红楼梦》烟画片，拍到了 7150 元的高价。

扇洋画片

洋画片在童年的记忆中，还有一种游戏功能，就是扇着玩。

扇洋画片即拍洋画片，是一种两人或两人以上的比赛。比赛用的洋画片有多种形式，一是直接用一张洋画片扇，二是将一张洋画片一角稍稍折起扇，还有一种是用许多洋画片叠起来扇。

拍的方式是先将洋画片放在地上，然后用另一张洋画片用力朝着地面洋画片方向抛扇，以产生的气流掀起地面的洋画片为胜。如果地面放的是一叠洋画片，则是用许多洋画片一次次用力往地面洋画片方向抛扇，使地面一叠中的洋画片自上而下一一掀翻，掀翻的张数多者胜。

扇洋画片要一定的技术，因为画片和地面紧贴在一起，要掀起它很不容易。若将画片一片折起一角，就好扇多了。因为折角处容易受气流冲击，使画片很快掀起。

扇洋画片还有一种玩法，叫"粘洋画片"。就是先在墙根下放一张洋画片，然后在墙上画一条水平线。玩时，用另一张洋画片朝墙上水平线上扇，使扇下的洋画片正好落在地面安放的洋画片上。

玩洋画片还有许多别的乐趣。比如大家比着看谁攒的洋画片多，互相交换自己没有的那种洋画片等。总之，那时玩洋画片比现在玩集邮乐趣还大哩。

14　藏着多彩世界的小魔管——万花筒

◇ ·················

美丽形状在眼前

万花筒真像一支小魔管，眼睛对着魔管一头的孔看，然后转动管子，眼前就会出现万千景象：千变万化的图形，让你目不暇接，真是美不胜收啊！

难怪英文中万花筒写作 kaleidoscope，它由 3 个希腊词 kalos（美丽）、eidos（形状）和 scope（观看）的字头和词组成，意思就是"观看美丽形状"。

为什么在万花筒里可以看到美丽的形状呢？原来是镜子的功劳。

1816 年，苏格兰物理学家大卫·布鲁斯德在研究灯塔的灯光时，他为了使灯光射得更远，用几面镜子来反射灯光。在无意中，他将 3 面镜子组成一个三棱柱，结果出现一个奇妙的景象：他从三棱柱一头的开口往里看，眼前出现美丽的花朵图案。于是，他根据这一原理发明了万花筒玩具。

万花筒的发明，很快传遍欧洲，接着就传遍世界，成为人们，特别是孩子人见人爱的玩具。据说，当时在 3 个月内，巴黎和伦敦就卖出 20 万个万花筒。

万花筒

万花筒大约在 1819 年前后，传入日本和我国。在日本叫"万华镜"，我国叫"万花筒"。日本名着眼于玩具中的镜子，而中国名则着眼于玩具的外形，但是都点出了玩具的效果：可以看到万种花样。

万花筒的秘密

万花筒之所以会出现美丽的花样，上面说过，完全归功于镜子。而镜子诞生于 300 年前的意大利，当时还是一个绝对的秘密。

当时，在意大利的威尼斯木兰诺岛，建立了一个秘密的制镜工厂。法国为了取得制镜的秘密，竟策划了一个偷渡的阴谋，将制镜技师偷渡到法国。这样，制镜技术才得以在世界上传开。

这里说的镜子，当然是指用水银和玻璃制成的镜子。我国公元前 11 世纪就发明了铜镜，但制作万花筒的玻璃镜的方法则是从西方引进的。不过，作为万花筒工作的原理——光线的反射现象，我国早就随着铜镜的发明而得知了。

当我们用一面镜子看像时，光线只经过一次反射，镜子里只会出现一个镜像。但是，若用两面镜子夹成一个角度看像时，光线则会经过多次反射，出现多个镜像。

当两个镜面呈 90 度角时，会看到 3 个镜像；当两个镜面呈 60 度角时，会看到 5 个镜像；当两个镜面呈 30 度角时，会看到 11 个镜像……总之，夹角越小，反射的次数越多，镜像数目也越多。

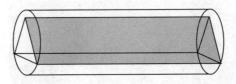

万花筒结构

一般的万花筒是用 3 个镜面，组成一个等边三棱柱。这时如果从一头开口处往里看，就会看到 6 个镜像。在开口的另一端，放上各色的玻璃粒子，就会反射出对称的六边形镜像来，它们组成的图案，就像一朵花。要是转动一下万花筒，里面的玻璃粒子位置发生变化，反射的图案也相应变化，呈现出另一朵花的形象。这就是万花筒变出万千花朵的秘密。

万花筒迷宫

1900 年，在法国巴黎举办了一次世界博览会。博览会里，设计了一个大大的万花筒迷宫，令观众大开眼界。

这个迷宫的中央大厅，是由 6 面巨大的镜子组成的万花筒。人们走进大厅，会看到无数个自己的镜像，这些镜像一层一层地往外延伸，直到看不清自己为止。

原来，这时参观的人就像万花筒中的玻璃粒子。第一次反射后，得到 6 个镜像；第二次反射后，得到 12 个镜像；第三次反射后，得到 18 个镜像……一般来说，经过 12 次反射后，还可以勉强辨出镜像，这时足足有 468 个你在那遥远的地方啊！

在这个博览会上，还有一个活动的万花筒式幻宫。这个幻宫也是由 6 面巨大的镜子组成的。在六面大镜子的交角处，各竖立着一根高大的柱子。柱子上装饰着各种饰物，它们分别是热带森林、阿拉伯式宫殿、印度庙宇。柱子上装上了机关，可以旋转。于是，人们站在幻宫中央，就会看到无数个热带森林、阿拉伯式宫殿和印度庙宇在眼前轮流闪过，一幕又一幕、一层又一层，真是一个奇妙的童话世界。这个童话世界的缔造者，就是万花筒。

艺术家与万花筒

　　万花筒在孩子们心中，是一种神奇的玩具。可是，在艺术家心目中，它是散文、是诗歌、是花布的图案……

　　1818 年，俄国寓言作家伊兹迈依洛夫在《善意者》杂志上，发表了一首赞美万花筒的诗：

　　　　　　我向里面望去，是什么呈现在我眼前？

　　　　　　在各种花样和星形的图案面前，

　　　　　　我看到了青玉、红玉和黄玉，

　　　　　　还有金刚钻，还有绿宝石，

　　　　　　也有紫水晶，也有玛瑙，

　　　　　　也有珍珠——一下子我都看到！

　　　　　　我只用手转一个方向，

　　　　　　眼前又是新花样。

　　美国纽约近代美术馆里，收藏了制图家亚尼斯特·杜罗巴设计的"令人想入非非的万花筒"，它可以转出令人想入非非的各种人像。英国兰波特美术馆有一台流动影像万花筒，它里面装有各种颜色的油，可以转动出流动的七彩河。我国北京有个叫李洪宽的民间艺术家，他可以把家中一件件废旧物品，变成各种艺术万花筒，为此，日本索尼科技馆称他为"中国万花筒第一人"。

15　西方鬼节的标志——南瓜灯

◇⋯⋯⋯⋯⋯

万圣节的故事

每年 10 月 31 日，是西方的万圣节。万圣节俗称鬼节，是西方和圣诞节并称的重大节日。

万圣节是怎样来的呢？它又怎么会称作"鬼节"呢？

这要追溯到公元前 5 世纪，也就是 2600 多年前。

居住在爱尔兰的凯尔特人，把 10 月 31 日这天称为夏末。他们认为这一天是新旧交替的一天，象征旧年的结束。传说在新年的前夕，灵界的大门会打开，灵界里的鬼魂会趁机游走人间，为的是寻找替身，借以获得重生。

凯尔特人害怕自己成为鬼魂寻找的目标，就把家中的炉火熄灭掉，装成没有人在家的样子。他们还要戴上狰狞可怕的面具，穿上黑色的服装，打扮成鬼魂的样子，以便吓走那些真正的鬼魂。

慢慢地，这一习俗传遍西方，最后竟演变成了一个节日。在这一天，家家户户都会在门口摆上南瓜灯或骷髅，或将家里装饰成鬼屋。

夜幕降临，孩子们会戴上千奇百怪的面具，穿上稀奇古怪的服装，出去游行。其中最为典型的装扮是披着黑色长衫、骑着扫帚，变成一个女巫的样子。

孩子们还会提着南瓜灯，挨家挨户去讨糖吃。他们来到人家门口，都要喊一声："Trick or Treat！"（捣蛋还是请客）意思是：不给糖就捣乱！

这时，这家的主人就会把准备好的糖果拿出来，送给孩子们。当然，有时孩子们也会善意地恶作剧，在人家门上涂上颜色。

后来，这种驱鬼的活动就成了欢乐的鬼节——万圣节。许多学校或城市都要举行大型的化妆晚会和巡游。它完全颠覆了人们心目中令人畏惧的可怕形象。

南瓜灯的来历

在万圣节里，最明显的标志不是鬼魂打扮，而是南瓜灯。这一天，家家户里户外都要摆上南瓜灯，孩子们手里提着的也是南瓜灯。节前节后，满街都会堆放着南瓜。满目望去，真成了南瓜世界。

南瓜灯又名"杰克灯"（Jack－o'Lantern）。原来，这南瓜灯与一位叫"杰克"的爱尔兰男子有关。

传说杰克（Jack）有一天因为害怕恶魔吓他，就邀请恶魔喝酒。可是，杰克这个人十分吝啬，喝完酒后又不想付钱。于是，他说服恶魔，让恶魔变出6便士钱来付酒钱。可是，杰克不但未用这钱来付酒钱，反而用一种银纸把恶魔镇住了，使恶魔不能出来。

恶魔只好答应杰克一个条件，就是一年之内不会吓他，这样，杰克才把恶魔放了出来。恶魔出来后，本想答应杰克再也不吓他，但是还未等到又一个万圣节来到之时，杰克就死去了。

由于杰克十分吝啬，他死后天堂不收留他，地狱也不收留他。他无处可去，只好不停地走着。为了照路，他就将芜菁（俗称大头菜）挖空，在里面点上炭火做成灯笼。

后来，爱尔兰人就用大头菜做的灯笼作为节日的娱乐品。有时也用甜菜和马铃薯来代替大头菜。这就是南瓜灯的前身。

后来，大批爱尔兰人迁徙到美国，把万圣节的传说也带到了美国。到美国后，他们发现南瓜比大头菜做灯笼更合适，于是就用南瓜做起了南瓜灯。

现在，典型的南瓜灯是将南瓜掏空，然后在外壳上雕出大眼睛、大鼻子和大嘴，呈现笑眯眯的样子。再在里面插上蜡烛，就成了人见人爱的南瓜灯了。

南瓜灯

欢乐的鬼节

万圣节的出现，完全改变了人们对鬼的害怕心理，成了一种娱乐。它不仅给孩子们带来欢乐，也给年轻人找到了一种释放压力的机会。

在美国，还有在万圣节巡游的传统。这一习俗开始于1973年。当时住在纽约格林威治村的一位面具工匠突发奇想，在万圣节那天让孩子们戴上面具进行表演和游行。后来，这项活动影响越来越大，成为整个纽约的一项大型群众活动。当然，活动中少不了南瓜灯。

除了南瓜灯这种玩具外，万圣节还衍生了一系列相关玩物，比如穿上巫婆或动物造型的服饰、戴上可怕的魔鬼面具等。在中世纪，人们认为这样的打扮可以驱赶黑夜中的鬼怪。后来，各种英雄造型的服饰出现了，如蜘蛛侠、蝙蝠侠、钢铁侠等，他们代表了战胜恶魔的英雄形象。孩子们更热衷的是到各家各户去讨糖吃，这不仅给孩子们带来欢乐，也为他们进行社会交往提供了机会。

中国的菜蔬灯

无独有偶，和西方的南瓜灯相似，中国也有用菜蔬灯作玩具的习俗和传统。

农历七月十五日是中元节，也是中国的鬼节。这一天，孩子们会玩起荷叶灯来。清人编撰的《日下旧闻考》中写道："燕市七月十五夜，儿童争持长柄荷叶，燃灯其中，绕街而走，青光荧荧若磷火燃。"这一天，还会玩蒿子灯、西瓜灯、橘子灯、莲蓬灯等。孩子们还会在这天晚上举行斗灯会。众灯相映，这是多么欢乐的景象啊！

16　一只温暖了世界的洋耗子——米老鼠

◇ ⋯⋯⋯⋯⋯

卡通玩具溯源

现在，几乎全世界都知道卡通玩具米老鼠。有人认为，在现代这样一个多元复杂的社会里，再产生一个"米老鼠"这样的老少通吃的玩具偶像几乎是不可能的，它大概温暖了世界近一百年。

人们在问，"卡通"到底是什么意思？卡通玩具又是何时诞生的呢？

"卡通"是英文 Cartoon 的译音，这个词起源于美国，原意是"动画"。在我国，也称作"漫画"，现在则多称为"动漫"。

卡通原是指将人物形象用漫画的形式表现出来，而不是真实的人物素描，是用夸张和变形的手法来刻画人物。这样，虽不是十分逼真，但看起来却令人发笑，从而过目不忘。像美国的米老鼠和中国的喜羊羊等。

卡通玩具则是将卡通画面立体化，还原成实体的玩偶。据说，最早以卡通画面人物来制造玩具的是美国人欧哥特。1894 年，欧哥特将当时社会上流行的漫画人物"黄色小子"制成卡通式玩具，开始引起人们的注意。

大约过了 40 年，一只未来之星——米老鼠终于诞生了。

"米老鼠之父"迪斯尼

迪斯尼出生于 1901 年，家住美国芝加哥。小时候，迪斯尼就有绘画天赋。有一次，他临摹的画，竟被一名医生用 5 角钱买走。从此，他意识到画画也能挣钱。

1917 年，迪斯尼在堪萨斯城市艺术学院学绘画。后来，他在一家艺术工作室工作，在这里，他结识了具有极大创造力的乌伯·伊维克斯。

1923 年，迪斯尼兄弟俩成立了一家公司，并邀请乌伯·伊维克斯来合作。不久，他们推出一个新奇的米老鼠形象，并且制造出了第一部动漫电影《疯狂飞机》，电影中的主角就是叫米奇的老鼠形象。后来，我国就把他翻译成"米老鼠"。1928 年，由迪斯尼导演、乌伯·伊维克斯任动画设计的第一部有声动画片《蒸汽船威利》在纽约首映成功，并获得奥斯卡特别奖。在这部动画片中，米老鼠米奇第一次有了女友米妮。

米老鼠

1934 年，美国 LIONEL 工作室和迪斯尼公司合作，首次推出了以"米奇"和"米妮"为原型的卡通玩具。从此，一系列以迪斯尼漫画人物为原型的卡通玩具纷纷问世，使卡通人物从电影的虚幻画面上走了出来，变成一种实体玩具，来到少男少女的身边。

希望的象征

为什么米老鼠会受到人民大众的狂热喜爱呢？这与这只玩偶诞生的历史背景有关。

1929 年，美国开始出现了历史上最著名的经济危机。面对萧条的经济，美国当时的总统决心寻找复苏的对策。由于在经济危机中人们压力巨大，需要寻找一个乐观、有治愈力并能带来繁荣的符号。米老鼠在这个时候出现了，它正是一个人们要找的符号。

有心理学家说，他曾经给在婴儿床里的小孩看米老鼠图片，结果孩子立刻笑了起来。原来，有学者研究认为，米老鼠及其伙伴的外形是给人以慰藉的重要秘诀。

由于米老鼠的头像由 3 个圆形组成，它显得圆呼呼的，比瘦长的形象更能给人以温暖和安全感。正因为如此，人们在危机当中，看到如此可爱的卡通形象会产生希望。

当时，纽约的工商业名录和电话号码本上，都印有米老鼠形象，这样就会吸引大批失业者或求助者登门求援。男人喜欢用印有米老鼠的餐具，女人则偏爱印有米老鼠的钱夹，这样就会觉得日子有盼头，有吃有钱的日子会很快到来。有的求业者甚至打着印有"米奇喜欢米妮"字样的领带去找工作，认为这样雇主会觉得自己很可靠。

美国著名广播节目主持人布莱恩·西伯利说："20 世纪 30 年代，米老鼠代表一种非常美国化的持久力和战胜困难的能力，代表着希望、乐观主义和一种天生的勇气。"这大概击中了米老鼠应运而生的要害。

"被产品牵着鼻子走"

随着电影、电视的普及和电影、电视技术的发展，各种以卡通人物为故事主角的电影、电视片相继出现，吸引着无数青少年的目光。

拿迪斯尼公司来说，就出现了经典动画、真人动画、电脑动画等各种类型的电影、电视片。

1937 年，动画片《白雪公主》在美国首映，受到卓别林等名人和广大观众的欢迎。后来，又有《木偶奇遇记》《小飞象》《小鹿斑比》《爱丽丝梦游仙境》《睡美人》《美女与野兽》《狮子王》等动画片相继问世，题材遍及世界各国名作名著。后来，中国题材也加入到迪斯尼作品之列，如《花木兰》《功夫熊猫》等。

玩具厂家从中闻出了商机，它们及时与电影公司、电视台和卡通工作室合作，推出了电影和电视中出现的卡通人物玩具。由于电影和电视节目无孔不入地将卡通人物推向广大观众，一种以卡通节目为中心的玩具推销网络产生了。因而，有些批评家评论这类节目是"被产品牵着鼻子走"。

正是在这种背景下，一系列新型卡通玩具纷纷问世，从而挤进了少年儿童的娱乐生活。这种繁荣既给许许多多童年人带来欢乐，也引起了一些儿童教育专家的深思。尽管有些人为少年沉浸在动画世界而担忧，但是，卡通影视和卡通玩具的前景仍然不可小觑。

17　用总统名字命名的毛绒玩具——泰迪熊

◇ ·················

在"熊市"中不"熊"

国际玩具展是西方最大的玩具展销会，定期在美国举办。2009年，由于全球经济危机，股市下跌，玩具业也大受打击。那年2月15日，例行的国际玩具展在美国举行，由于玩具销售不景气，人称"熊市"。

奇怪的是，在其他玩具都处在熊市时，有一款玩具不仅不熊，反而很牛，十分畅销。这是一种什么玩具呢？

可笑的是，这种玩具竟是熊玩具，它就是大名鼎鼎的毛绒玩具"泰迪熊"。玩具商为这只熊穿了一件红色上衣，上面写着：I SURVIVED THE BEAR MARKET（我在熊市中幸存）。意思是，在今天玩具行业皆处在熊市中时，别的玩具都卖不出去，而我却幸运地存活。

就冲着这句幽默的话，一下子吸引了人们的眼球，它正好迎合了人们在经济压力下寻求心理减压的需要，所以在这次玩具展中，泰迪熊逆势而上，成了独一无二的畅销明星。

当然，心理减压只是活跃市场的一个因素，而玩具"泰迪熊"

经久不衰的真正原因，还与它所处的文化背景有关。原来，这款玩具的诞生，还有一个十分传奇的故事。

它的名字叫"泰迪"

1902 年 11 月，当时的美国总统西奥多·罗斯福到森林里去打猎。他来到密西西比州的森林里，没有发现猎物，十分扫兴。

陪同总统打猎的人正在十分为难之时，发现正好有一个人捕到一只小棕熊。陪同人员为讨好总统，灵机一动，将那只小棕熊绑到一棵树上，请总统去猎取。罗斯福总统看到这只小熊，觉得它十分可爱，不但不忍心伤害它，还把它解救下来，并收养了它。

这件事很快在报纸上报道了出来，一下子传遍了全美国，在社会上产生了很大的反响。有一位漫画家，甚至把小熊画成了漫画，这样它就更加出名了。

这时，美国一位叫米谢顿的玩具商，从这件事中闻出了商机。他心想，何不按这只熊的形象做成玩具推销出去呢？

说干就干，他在妻子的帮助下，很快用褐色毛绒和碎布、棉花，缝出了一只玩具绒毛熊。

玩具熊做出来了，怎么销售出去呢？米谢顿又心生一计：给它起个好名字。对，就用总统的名字来命名它。因为罗斯福总统小名叫 Teddy（泰迪），于是这只玩具熊就有了正式名称 Teddy Bear（泰迪熊）。

泰迪熊一上市，很快销售一空，而且，又有不少人要订货。米谢顿在大批生产泰迪熊的时候，又冒出一个更大胆的主意：写信给总统，请他亲自授权用他的名字来命名这种玩具。

泰迪熊

没想到，罗斯福总统收到米谢顿的信后，不但同意了米谢顿的主意，而且亲自给米谢顿写了回信。这样一来，这只玩具熊更火了。米谢顿很快成立了泰迪熊玩具制造公司，而且公司的生意越来越红火。这个公司就是现在美国十分著名的"理想玩具公司"的前身。

"熊"风劲吹

泰迪熊从诞生至今天，已历经百余年。它久盛不衰，其原因不仅因为它是孩子们十分喜爱的玩具，还因为它成了美国玩具文化的又一个标志，其影响已经超越国界，扩大到了全世界。

1973 年，美国成立了一个"国际佳熊组织"。这个组织的宗旨是把欢乐和安慰带给病人。这个组织把泰迪熊列入其中，成为最佳成员。当发现有病人需要时，这个组织就会把泰迪熊很快地送到病人手中。

1986 年，时任美国总统的里根在一次电视演说时，手中竟然也拿着一只泰迪熊。原来，这只玩具熊是美国纽约一个运动俱乐部送给里根总统的礼物。也许这位当时的美国总统想学习当年红极一时的老总统罗斯福，以此来表示他也热爱动物吧！你看，一只小小的玩具熊竟表达了如此深刻的含义，而且成了一位传递友好的大使，把总统和普通人联系在一起。

如今，泰迪熊又成了珍贵的收藏品。它的造型也有多种，从最原生态的普通熊玩具，发展到酷似名人的肖像型玩具熊。其造型有酷似美国著名作家马克·吐温的，有像英国女王伊丽莎白的，甚至还有像古埃及法老的。古今名人肖像熊应有尽有，售价从几十美元到几百美元不等，甚至更高。

2006 年 11 月 14 日，在英国伦敦伯罕斯拍卖行，一款 1925 年出品的泰迪熊，成交价为 2.1 万英镑。还有一款英国女王造型的泰迪熊，由于全球只发行 80 个，售价高达 999999 美元。更有甚者，2008 年 12 月 3 日，一款嵌宝石的泰迪熊在日本东京上市，由于它头上戴的王冠是按英国女王王冠的 4:1 复制的，上面嵌有 1754 颗钻石，总重达 35.17 克拉，售价高达 160 万美元。

熊兄熊弟

在美国还有一款绒毛玩具熊，也十分有名，它就是"斯莫基熊"。它和泰迪熊一样，在市场上也十分火，简直就像一对熊兄熊弟。

说起斯莫基熊，也有一段不平凡的故事。1950年，美国新墨西哥州林肯国家森林公园发生一场大火。在火灾现场，森林警察发现一只被烧伤的小黑熊，他们赶紧用飞机把这只小熊送到附近一家医院。经过抢救，小黑熊终于活过来了。

后来，这只小黑熊被送到美国首都华盛顿去展出。在展出中，有关单位把这只熊称作 Smokey the Bear，即"斯莫基熊"，意思是被烧伤的小熊。

后来，美国就把森林救火活动称作"斯莫基行动"。接着，又把斯莫基熊作为森林救火的形象"代言人"。

美国森林防火宣传板上的斯莫基熊

　　很快，这一件事又被玩具商抓住商机，推出了"斯莫基熊"玩具。这种熊玩具有着森林警察的造型。它光着上身，头戴一顶宽边警察帽，十分可爱。这种玩具从 20 世纪 50 年代推出后，也一直受到市场的推崇，因为它不仅是一款可爱的玩具，还是保护自然、保护森林，热爱动物的象征。

18 少女心中的"未来之梦"——芭比娃娃

◇ ·················

芭比的"妈妈"

作为 20 世纪乃至新世纪广为人知、人见人爱的玩偶,芭比娃娃总是站立在世界玩偶市场的潮头,它是少女心中的"未来之梦",又被称为玩具行业中的可口可乐。

那么,芭比娃娃是谁创造出来的? 它的妈妈是谁? 原来,这要归功于美国妈妈露丝。

1959 年的一天,美国妇女露丝·江德勒看见女儿芭芭拉在玩一种剪纸娃娃。这种剪纸娃娃是一种平面式成人玩偶,它们是各种职业人物形象。露丝看着这些简单的剪纸玩偶,心中迸发出一个灵感,能不能把它们变成立体的布玩偶呢?

这个时候,有人送给露丝 个德国制造的成人布玩偶莉莉,这是一个喜剧演员的造型。于是,她结合女儿玩的剪纸玩偶形象,将莉莉加以改造,变成一个美丽动人的少女。

露丝为这个玩具少女设计了一副天使般的面孔、"魔鬼"般的身材,并为它制作了多套服装。最后,还用女儿芭芭拉的昵称,为玩具娃娃起了一个好听的名字"芭比"。

1959 年 3 月 9 日，在美国纽约玩具交易会上，芭比娃娃一亮相，马上引起了轰动。它那美丽动人的形象，吸引了玩具商的眼球，更吸引了孩子、特别是少女的心。它很快占领了美国乃至世界的洋娃娃市场，而且经久不衰。

据统计，目前美国平均每个家庭有一个芭比娃娃。而美国少女平均每人拥有 8 个芭比娃娃，如果将出生以来所售出的芭比娃娃从头到脚连起来，可以绕地球赤道 7 圈！

2002 年 4 月 27 日，发明芭比娃娃并创办了美国最大玩具公司的"妈妈"露丝在洛杉矶逝世，享年 85 岁。人们永远忘不了这位"生出"芭比的"妈妈"。

"年过半百"的芭比

2009 年 3 月 9 日，是芭比娃娃诞生 50 周年的日子。美国以及世界上许多国家都为这个已年满 50，却永远年少的洋娃娃庆祝生日。

提手袋的芭比娃娃

早在这一年 2 月，在美国纽约举办的时装周上，几十位模特就穿上各种芭比式时装，上台进行了展示。这场表演在布莱恩公园举行，吸引了大批的芭比"粉丝"，大火特火了一把！

在其他国家，人们也对这个来自美国的洋娃娃的 50 岁生日给予了极大的关注。许多国家都举办了相应的活动。在德国举办的庆祝芭比生日的玩具展上，一群少女打扮成艳丽的芭比娃娃亮相，引起了轰动。在遥远的东方，西方的洋娃娃芭比，也引起了同样热烈的关注。这一年 3 月，在中国北京的世纪坛国际艺术展厅，展示了各种经典的芭比玩具，使人们大开了眼界。

世界上第一款芭比娃娃，当时售价仅为 3 美元。而在它 50 周年生日之际，收藏款的芭比娃娃价值为 49.99 美元。而至今网上最贵的芭比娃娃定价，则高达 7999.99 美元。

美国文化的象征之一

每个国家都有自己的代表性文化，可谁又能想到，芭比这个小小的玩偶，如今竟成了美国文化的象征之一！

芭比诞生半个多世纪以来，它的形象一直伴随着美国的文化发展，与时俱进。刚出生时，芭比是一个扎着马尾辫、穿着泳装的性感少女。1961年，随着"女权运动"的发展，美国出现了一个"解放芭比组织"，要求芭比独立生活，因为这个组织认为芭比太依赖男友，必须从男友那儿解放出来。1962年，芭比娃娃变身为一位"红衣女郎"，好似当年红极一时的总统夫人。1964年，芭比则成了大学生，成为追求知识的女性。1974年，芭比成了百事可乐的时尚代言人。1975年，她又成了冬季奥运会的滑雪明星。1977年，她变身为骑士。1980年，则成了滑冰运动员。1983年，又有了麦当劳服务生的打扮。1985年，摇身一变，成了摇滚歌手。1986年，美国成功地发射了航天飞机，芭比又

爱音乐的芭比娃娃

成了宇航员。1988年，芭比变身为医生、博士。1989年，则成了军官。这一年，还成了联合国儿童基金会大使……

总之，芭比娃娃一直站在时尚的潮头，成为当时社会变革的代表人物。而且，后来的芭比已不再是当初的公主模样，而是更接近普通人的形象了。1997年，坐着轮椅的残疾人芭比形象一经推出，立即引起了轰动，人们不再追求十全十美的芭比了。近年来，随着科技的进步，用高科技武装的芭比全新面世了。芭比又变身为电脑

工程师，戴着眼镜和蓝牙耳机，手持笔记本电脑，成了追求科技新潮的宠儿。

从芭比的身上，你会看到美国的变化，甚至世界的变化。芭比已经渗透到美国的各个角落。1974 年，美国甚至将纽约时代广场的一角，命名为"芭比大道"，在时代广场这个引领时代新潮的世界窗口，芭比娃娃也占有了不可缺失的一席！

芭比的亲友

随着芭比娃娃的走红，还衍生了一系列与她相关的玩伴，这就是芭比的亲友们。

最早推出的亲友是芭比的男友肯。他是露丝妈妈按照儿子和邻家男孩的形象综合设计出来的。他酷似好莱坞的男明星。最初，露丝设计芭比和肯形影不离。后来，由于女权运动组织的要求，芭比离开肯而独立，这不能不说是一个玩具被政治绑架的玩笑。

从 1964 年开始，芭比的妹妹思奇帕也出现了，这个妹妹有点像个假小子。1966 年，芭比的一对双胞胎小弟弟小妹妹也诞生了。接着，芭比的表妹法蓝西和洁西也面世了。

此后，芭比的好友也陆续出来了。如蓝眼睛米楚、黑人男孩布莱德，还有欧洲女友惠特尼等。芭比的亲友真是遍天下了。

二 活灵活现的活动玩具

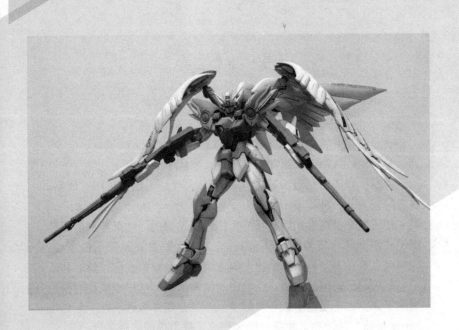

01　唱起"四面楚歌"的纸鸢——风筝

◇ ⋯⋯⋯⋯⋯

古老的军事工具

　　风鸢放出万人看，千丈麻绳系竹竿。

　　天下太平新样巧，一行飞上碧云端。

　　这是清朝一首歌颂风筝的诗。风筝，古时候又叫风鸢、纸鸢。鸢，是老鹰。风筝，像纸制的老鹰，又像风中的老鹰。

　　风筝，今天已是老少都喜欢的玩具。可是，你知道吗？风筝，在古时候竟是一种军事工具。

　　传说风筝是西汉初期刘邦的大将韩信发明的。他把项羽的军队围困在垓下（今安徽省灵璧东南）。为了瓦解楚霸王项羽的军心，他叫张良坐在一个风筝上，让人放飞到楚军阵地的上空，然后和战士一起唱起了楚国的歌曲。歌声传到楚军士兵的耳中，使他们纷纷想起了家乡，于是楚军人心涣散了。结果，楚军大败。这就是成语"四面楚歌"的故事。你看，风筝竟成了战争中的宣传工具。

　　后来，韩信又和汉高祖刘邦产生了分歧。有一次，汉臣陈豨起来反对刘邦，韩信想帮陈豨的忙。刘邦住在未央宫中，听到陈豨谋反的消息，就准备带兵出宫去镇压。韩信借机欲挖一条地道攻入未

北京"肥燕"风筝

央宫。为了测量这条地道该挖多长，他又想到了风筝。为此，他向未央宫顶空放飞了风筝，从而测出了地道长度。在这里，风筝又成了军事测量的工具。

南北朝时，梁武帝被侯景围困在南京的台城里。梁武帝想到城外搬兵求援，没法送信。梁武帝的将军羊侃想出一个办法，将求援信绑在风筝上，放飞到城外，可惜没有成功。

唐朝田悦把张伾围困在临洺城。张伾仿照羊侃的办法，也用风筝传信去搬兵。这次他成功了，马燧收到了求援信，出兵打败了田悦。在以上两个例子中，风筝又成了军事通信工具。

春风送你上青天

风筝从军用转为民间娱乐，是从唐朝开始的。唐朝社会安定、经济繁荣，有了玩的条件。再说，当时造纸技术的普及，用纸代替丝绢制作风筝，为风筝走进民间打下了基础。中唐诗人元稹在《有鸟》一诗中，描述了少年放风筝的盛况："有鸟有鸟群纸鸢，因风假势童子牵。"诗中形容风筝多得像鸟群。

明代《九子图》中放风筝的情景

风筝这个名称大概起源于五代时期，据说那是因为大臣李邺在纸鸢上安上了竹笛，风一吹发出如鸣筝的声音。

宋代时，风筝更普及了，连宋徽宗也亲自去放风筝，他还编了一本《宣和风筝谱》。宋代文人周密在笔记中记下少年用风筝相斗的游戏："桥上少年郎，竞纵纸鸢，以相勾引，相牵剪截，以线绝者为负，此虽小技，亦有专门。"宋代另一文人李石甚至说放风筝有利健康，可以治病："令小儿张口望视（风筝），以泄内热。"

明清期间，风筝发展到了鼎盛时期。最能证明这个情况的是文学大家曹雪芹在他的古典小说《红楼梦》中，详细描述了大观园中宝玉和姐妹们放风筝的情景。曹雪芹本人还是一位风筝工艺大师，他编写的《南鹞北鸢考工志》，全面地记述了制作风筝的工艺，从选材、制纽、边款到章法、技巧都有详细说明。

放风筝最好的季节是春天，所以有人称风筝是"春的使者"。历代许多诗人写下了很多咏风筝的诗词，歌咏了这位春的天使。比如明朝徐渭的诗句：

> 江北江南纸鹞飞，线长线短回高低。
>
> 春风自古无凭据，一任骑牛弄笛儿。

清朝孔尚任的诗句：

> 结伴儿童袴褶红，手提线索骂天公。
>
> 人人夸你春来早，欠我风筝五丈风。

当代文人邓拓的诗句：

> 鸢飞蝶舞喜翩翩，远近随心一线牵。
>
> 如此时代如此地，春风送你上青天。

富兰克林引天电

在儿童放飞风筝娱乐时，有的科学家则想到用风筝来做科学实验。

1749 年，苏格兰科学家阿莱克塞·威尔松决定用风筝来进行高空气象试验。他在风筝上装上温度计，然后放飞到空中。飞到 915 米高度后慢慢降落，然后通过传温仪器，测到了不同高度空中的温度变化。

1752 年，美国科学家富兰克林更大胆，他在风筝上系上金属线，线的尾端连在地面的测量电荷的仪器来顿瓶上。在一个雷电天，他将风筝放飞到空中。结果，他碰到电线时，手麻了。来顿瓶上测出了电荷。这说明，雷电中确实有电，所以有人说他把上帝和雷电分了家。

富兰克林这个试验很危险，决不可效仿。事实上，在此之前，俄国物理学家利赫曼在做同样试验时，就不幸被雷电击死了。

1833 年，英国气象学家阿克波尔德也用风筝进行了气象测量。不过，这次在风筝上安装的是风向计和风速计。同样，得到了不同高度空中的风向和风速。

1887 年，有人在风筝上安装了照相机，进行了首次空中摄影。

最可贵的科学实验是无线电通信试验。1901 年 12 月 12 日，美国科学家马可尼利用风筝做天线，与另一位科学家赛德·琼斯在大西洋两岸，进行了无线电传送试验，而且获得成功。这是世界上第一次远距离的无线电通信试验，从此宣告了无线传输时代的到来。

最早的飞行器之一

在美国华盛顿航空航天博物馆里，有一块说明牌，上面写着："人类最早的飞行器是中国的风筝和火箭。"

传说，在我国古代确实有人乘风筝飞行过。那是南北朝北齐天保年间，约 1500 年前的事。北齐皇帝高洋是个昏庸的暴君，他常常拿人命来寻开心。有一天，他把一个叫黄头儿的人叫到六七十丈高的金凤楼上，叫黄头儿乘风筝飞下楼去。结果黄头儿的命大，不但没摔死，还飞了很远。当然，黄头儿之所以命大，是靠了风筝在空中慢慢飞下来。

为了试验乘风筝飞行，俄国军官莫查伊斯基亲自做过试验。1878 年，他将自己固定在一个大风筝上，然后让一匹马车拉着风筝飞跑。结果，风筝真的带他在空中飞了一程。

1897 年，英国人拉姆松在一个风筝上增加了翅膀，还装上了操纵设备。他亲自站在风筝上，让人牵引飞上高空，并进行操纵，结果在 15 米的高空飞了半个小时。

1899 年，美国莱特兄弟制造了一架双身风筝，这架双身风筝类似鸟的双翼，他们准备用这架风筝来进行机翼的扭转试验。试验的目的，是为发明真正的飞机打下基础。试验成功后，他们将这一技巧转移到可操纵的飞机上。最后，终于使飞机飞行成功。

可以说，是风筝助了飞机发明的一臂之力。事实上，飞机本身就是一架大风筝，机翼就相当于风筝的筝面，而飞机发动机就相当于风筝的牵引线。难怪，人们都说风筝就是飞机的老祖宗。

02 直升机的始祖——竹蜻蜓

◇ ⋯⋯⋯⋯

小莱特的玩意儿

1903 年冬天，美国莱特兄弟在美国东海岸基蒂·霍克的海滩上，成功地乘飞机飞起来了。从此宣告，人类的飞行时代来到了。

是什么促使莱特兄弟发明飞机呢？有一件玩具立了功劳。

那还是在莱特兄弟小时候，有一天，父亲给兄弟俩带来一件礼物。这礼物像小风车，是在一根竹竿上，上下贴着四个小翅膀似的叶片。竹竿上缠绕着橡皮圈。父亲告诉他们，这个玩具叫"飞螺旋"，只要松开缠紧的橡皮圈，飞螺旋的叶片就会旋转起来。叶片一旋转，整个飞螺旋就会飞起来。

放飞竹蜻蜓

兄弟俩照父亲的话去做，果真飞螺旋升起来了，真是好玩。

在玩的过程中，兄弟俩发现：原来不止是自然界的鸟儿呀、昆虫呀会飞，其实人造的东西，像飞螺旋那样，也可以飞呀！从此，在兄弟俩的心中扎下了飞行的梦想。

你知道吗？莱特兄弟玩的飞螺旋，就是一种直升飞行玩具，它类似我国一种古老的飞行玩具。这种玩具像竹子做的蜻蜓，所以叫"竹蜻蜓"。

葛洪的飞车

据我国航空史专家姜长英考证，最少在1500多年前，我国就有了竹蜻蜓玩具。

竹蜻蜓的基本构造，就是类似风扇的旋转叶片。我国在4000年前就有了扇子，西汉时就出现了手摇扇车。将扇车的叶片转个方向，就变成了竹蜻蜓。

有一首儿歌，生动地描述了竹蜻蜓：

　　有个小飞人，样子像蜻蜓。

　　两只大耳朵，空中转不停。

正是靠它的像大耳朵似的叶片旋转，产生升力，才使它直升飞起来。

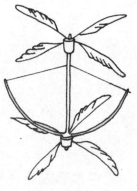

羽毛竹蜻蜓

晋朝的葛洪还根据竹蜻蜓的构造原理，设计了一种飞车。在他写的《抱朴子》一书中，详细记录了这种飞行器："用枣心木为飞车，以牛革结环剑以引其机。"中国历史博物馆的研究人员分析，这种飞车就是现代直升机的雏形。它用木片做成旋转式叶片，用牛革绳绕在它的轴上，拉动绳索而旋转，从而使它飞起来。

15世纪时，意大利杰出的艺术家和科学家达·芬奇，也曾设计过一种螺旋推进器，它的推进原理和晋朝葛洪的飞车十分相似。

国外有一本资料，甚至说："在基督耶稣降生以前，中国人已会用竹蜻蜓实行机械飞行了。"资料中还提到："公元1796年，有人造了几个竹蜻蜓，它用鲸骨作构件，用钟表发条来转动。飞行效果很好，有一个竹蜻蜓曾飞到90英尺（约27.4米）高。"这个资料中提到的竹蜻蜓飞行器制造者，就是英国的飞行家乔治·凯利。这个资料表明，中国的竹蜻蜓很早就传到西方。大约在明朝时，就传到了法国。由于竹蜻蜓会像陀螺那样旋转，所以当时国外又称竹蜻蜓为"中国陀螺"。

最早研究中国竹蜻蜓的外国人是英国伦敦大学的古波先生。他仿造的竹蜻蜓，曾飞到 25 英尺（约 7.6 米）高。当时的法国科学院，还进行了"中国陀螺"的飞行表演，引起了轰动。

直升机的发明

竹蜻蜓可以直升高飞的原理，吸引了许多人企图创制真正能载人的直升飞行器，即直升机。

要达到载人直升的目的，有两个主要的难关，一是大的旋转叶片，二是大的驱动发动机。1878 年，意大利的福拉尼尼制造了一架小型直升机模型，它用一台小型蒸汽机来推动。虽然它用了发动机来作动力，但还不足以载人高升。

1907 年，法国工程师保罗·科努造出了一架可载人的直升机。它有 4 副旋翼，每副旋翼各有 8 个巨大的桨叶。可惜的是，它只飞升到 1.5 米的高度。由于没有操纵系统，不能正常飞行。

1922 年，美籍俄国科学家博塔和美国陆军合作，造出了一架名为"飞行章鱼"的直升机。这架直升机虽然安装了操纵装置，但是试飞后仍操纵困难，未能成功。

1937 年，德国人福盖又研制出了一种带操纵装置的直升机，并请德国著名女飞行员汉纳·赖奇来试飞。这架直升机曾经创造了飞行高度 3427 米的纪录。但是它飞行极不稳定，难以投入使用。

直升机能飞高，但飞不稳，这是当时发明直升机遇到的一个技术难关。这个难关终于被另一位美籍俄国飞行家西科斯基攻克了。

西科斯基研究发现，过去制造的直升机飞行不稳，会产生打旋现象。这是直升机本身产生的一个物理现象：它的旋翼旋转后，会产生一个反作用力矩，使机身老打转转，从而使直升机不能稳定飞行。为了解决这个难题，他别开生面地在机尾上加了一个小旋翼，用它来抵消主旋翼产生的反作用力。这一招果真见效，经试验，有了小旋翼，从此直升机不再打旋了。

1939 年，西科斯基制造了一架命名为 VS－300 型直升机，它的主旋翼的桨叶直径达 8.5 米，尾部加装了一个垂直式小旋翼。整个旋翼由一个功率为 49 千瓦的发动机驱动。驾驶舱装在敞开的机架上。

这一年 5 月，年过半百的西科斯基亲自驾驶这架直升机试飞。结果成功地飞行了 10 秒钟。1940 年 5 月，他又驾驶这架直升机，实现了自由飞翔。1941 年 5 月，他再次驾驶它，创造了飞行 1 小时 32 分 26 秒的飞行纪录，从此宣布了直升机的发明成功。之后，西科斯基又制造了多个系列新型直升机，所以他被人们称为"现代直升机之父"。如今，西科斯基发明的第一架实用型直升机，仍被珍藏在美国爱迪生博物馆内。看到这架直升机，人们将永远不会忘记它的始祖——竹蜻蜓。

03　　澳洲土人的猎器——回旋标

◇ ·····················

飞去又飞来

到澳洲旅游，最显眼的纪念品是一种叫"飞去来器"的玩具。它的样子像一把弯弯的木刀，看上去十分简单，但是玩起来却非常神奇：将它往空中一抛，它转了一圈，又回到抛者的手中。所以得名"飞去来器"。

澳大利亚"飞去来器"玩具

但是，"飞去来器"原来并不是玩具，而是澳洲土著民族的一种狩猎用具。

澳洲土人是澳洲的原住民，在西方移民来到澳洲之前，他们主要以狩猎为生。澳洲生长着许多跑得快、跳得高的动物，如袋鼠、袋熊等。他们那时还没有枪支，难以捕猎到这些行动敏捷的动物。开始，他们用石块或树枝去击打，但效果不好。后来，他们在劳动实践中发现用木片去抛打，杀伤力很大。接着又发现，把木片制成锋利的弯刀形，不仅抛出去砍杀力更大，而且方向对头的话，木片还可以飞回到自己的手中。这样，既猎杀到了猎物，还可以将木片刀收回再用。

就这样，经过不断的改造，一种新型的狩猎工具产生了。由于它能飞去又飞来，所以得名"飞去来器"。

随着生产技术的发展，狩猎工具进步了。同时，加上澳洲经济结构的变化，风行一时的飞去来器终于"退休"，进到了历史博物馆，而作为一种玩具和纪念品，它又焕发出了新的生命力。

悉尼奥运会会徽

在 2000 年澳大利亚举办的第 27 届奥林匹克运动会上，古老的飞去来器又进了大会的会徽图案，成了运动会的标志。

如今，投掷飞去来器运动在西方十分流行，在德国北部的基尔镇，还会定期举办世界性的飞去来器锦标赛。源自澳大利亚的古老猎器，已经作为一种文化体育活动，走向了世界。

中国的回旋标

飞去来器虽然通常都认定是澳大利亚的标志性产物，但是决非澳大利亚所独有。在文明古国的中国和埃及，也发现了古老的飞去来器。

在 3300 年前的古埃及，有一个被称为"孩子法老"的图坦卡蒙。20 世纪时，人们对这个法老的古墓进行了发掘。令考古学家惊叹的是，不仅在墓中发现了价值连城的金银财宝，而且在其中竟放有许多飞去来器。考古学家分析，这些飞去来器不会是狩猎工具，而应是这位法老的生前玩具，因为这个"孩子法老"死时还是一个大孩子啊！

在中国，竟也有同样的发现。1979 年，在江苏海安县青墩发现一处八九千年前的新石器时代遗址。在遗址墓穴中，也发掘到了十几件飞去来器式的猎器。它们是用鹿角制成的，而且形状比澳大利亚土人用的飞去来器更复杂一些，它有三个"刀片"，而不是两个"刀片"。考古学家分析，这种猎器杀伤力比飞去来器更胜一筹。

不过，中国专家给这种猎器取了一个中国式名称——回旋标。因为它更像中国古代的飞镖武器，只不过它不是直飞，而是在空中回旋打转，既可以飞回来，也可以在空中做其他动作。

气压耍的魔术

回旋标为什么会飞去又飞回呢？古人不得其解，以为是神力所致。其实，并不是神力的作用，而是大气压力作用的结果。

中国的魔术师，不仅可以用弯刀式的回旋标表演飞去飞来的把戏，而且可以用一片木片，在空中随心所欲地飞舞。东北的二人转演员，练就了一手耍手帕的技巧，使平平凡凡的手帕在空中魔术般飞旋，令人叫绝。这其中的奥秘就在于利用了空气的压力。

航空界有句口头禅："只要给我一块门板，我就可以驾着它飞上天。"这不是说大话，而是有科学根据的。

唐朝著名诗人李白写过一首《茅屋为秋风所破歌》，开头两句是："八月秋高风怒号，卷我屋上三重茅。"说的是风可以把茅草屋顶上的草吹上天。

以上两种说法都说明一个道理：利用风力可以使平凡的东西飞上天。回旋标飞去又飞回或在空中做其他飞行动作的原理也是如此。

鲁国学者墨子在《墨经》中说："力，刑之所以奋也。""刑"指形状，"奋"指人用抛掷等方式使运动发生变化的过程。即是说，力是人使运动发生变化的原因。人利用风力驾驶门板、风吹起屋顶，回旋标通过人抛掷，就会使它们的运动发生变化，这种变化可能是飞去又飞回，也可能在空中做其他运动动作。

玩过回旋标的人一定会有这样的体验，抛掷它时一定要注意两点：一是要注意回旋标摆放的角度，二是要注意抛掷的方向。掌握了这两点，就会使回旋标得到上升且回旋的两个分力。就是这两个力使回旋标既能飞上天，又可以飞回来。

玩回旋标，玩的是技巧，玩的也是科学。2008 年 3 月 18 日，日本宇航员土井隆雄在国际空间站上也玩了一把飞去来器游戏。他发现，在空间虽然重力很微弱，但是由于空间站里也有大气，所以，飞去来器也会像在地球上一样，飞去又飞回来。

04 新年的转轮——风车

◇ ·············

庙会上的热门玩具

在北京一年一度的春节庙会上，最热门的玩具可以说是风车了。在春风的吹动下，或者是在孩子们的摇动或快跑下，风车的风叶就会"呼呼"地转动起来，像一只转动的轮子。要是风叶用五颜六色的纸片制成，转动起来就像七彩的日晕。所以，明代《帝京景物略·春场》一书中，就写道："剖秫秸二寸，错互贴方纸，其两端纸各红绿，中孔，以细竹横安秫竿上，迎风张而疾趋，则转如轮，红绿浑浑如晕，曰风车。"

风车在我国具有悠久的历史，它代表了喜庆和吉祥。传说风车是周朝姜子牙发明的，作用是镇妖降魔。其实，风车的历史可能比这更久远，因为大自然的风儿会把树木的叶子吹得团团转。受此启发，就仿造出类似的风车玩物来。

真正的纸风车，当在纸发明之后。南宋画家李嵩在《货郎图》中，就画着货郎帽子上插着一个小风车。这个风车呈六角形，在三根细棍两端各贴一片风叶。元代画家王振鹏也画有一幅货郎图《乾坤一担图》，图中担子上则插着一个八角风车。明代定陵出土了一件"万历百子衣"，上面绣有 100 个童子，其中一名童子手持一个六角风车。

明代万历百子衣刺绣纹样中的风车图

　　在王振鹏画的风车上端，还插着一面三角形小旗，随风飘扬。定陵"百子衣"上的风车上则在轴上粘一只纸鸟，纸鸟会随风转向。看来，古时风车上还附有风向标，这不仅可以帮助人们识别风向，还可以帮助玩风车的人掌握方向，使风车转得更欢。

　　后来，为了增加迎风力，对风车的风叶进行了改造。比如将风叶转一个角，出现了带扭角风叶的风车。风叶的数目也越来越多，最常见的有八角风车。再后来，干脆将风车制成轮子形，每条风叶都扭转呈辐条形状，这就更像风轮子。

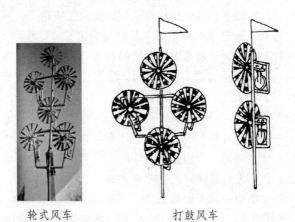

轮式风车　　　　　　　　打鼓风车

　　现在，风车玩具经过改进，更好玩了。北京有种大风车，它转动时还可以推动鼓槌打鼓，发出好听的声音。还可以把它装在龙灯的龙眼上，使龙珠转动，使龙活灵活现。有的风筝上也装上打鼓风车，使风筝在空中不仅可发出筝鸣，还可以发出鼓声。

《山海经》中的奇肱飞车

宋朝文学家苏东坡在《金山妙高台》一诗中说：

> 我欲乘飞车，东访赤松子。
>
> 蓬莱不可到，弱水三万里。

诗中说的飞车就是一种风车。作者是企图将风车玩具变成实用的飞车去飞行。

我国最早的地理书《山海经》中，记载西边有个奇肱国，那里的人会造飞车。人坐在这种飞车上，可以随风而飞行。书中描绘的飞车上就装着两个大风车。

清代李汝珍在《镜花缘》中更进一步，描述了周饶国的飞车顺风一日可以飞万里。1933 年出版的《吴县志》中，还记述了一个叫徐正明的人也试图仿造奇肱式飞车。

奇肱飞车也许是人们的想象。但是将风车这种玩具变实用，则很早就在世界许多国家实践过。

传说，在公元前 650 年的波斯王国，就有一位奴隶发明了一种能干活的风车。公元 7 世纪时，一位阿拉伯人发明了风磨，就是用风车来推动的磨。12 世纪，荷兰曾用风车来排水。

早在辽宁省辽阳出土的东汉晚期汉墓壁画上，就有实用型的风车。可见，我国在将近两千年前，就有了将风车作实用工具的历史。元明以来，人们称这种风车为"风转翻车"，可以用它来舂米、磨面和加工饲料。将大风车架在河边，用来抽水灌溉。看过电影《柳堡的故事》，你一定难忘其中的大风车，至今这种大风车还在许多乡村河边咿呀呀地转，电影中那句歌词"风儿吹得风车转呀"至今还让人们津津乐道。

大约一千年前，我国的实用风车流传到了欧洲。清朝人耶律楚材曾作《河中府诗十首》，提到我国风车的外传。

"风车之国"

在世界上，将风车引进，并发扬光大的国家是荷兰。荷兰被誉为"风车之国"，风车成了国家的标志。

荷兰地处地球的盛行西风带，一年四季盛吹西风；同时它濒临大西洋，海陆风长年不息。这种得天独厚的地理优越条件，给缺乏水力和其他动力资源的荷兰，提供了风力资源的补偿。

荷兰从 15 世纪开始出现风车，到 18 世纪中叶，全国竟建起了9000 多架风车，用来抽水和磨面等，对荷兰经济发展，起到了十分重要的作用。如今，人们到荷兰去旅游，到处会看到各种各样的风车，风车已成为一种特殊的旅游景观。

风车这种古老的玩具，变成一种古老的动力工具，显示古人多么智慧，但长期以来一直不为人们所重视。直至 20 世纪以来，由于能源危机和其他动力带来的污染，促使人们去寻找新的能源，人们终于从古老的风车中看到了一种新希望、新动力，那就是风力。

据估计，地球大气中的风能，至少有 300×10^{22} 千瓦，其中 1/4位于陆地上空，每年可用的近地风能就相当于 500 万亿度电力。风能不仅干净，而且可以反复使用。因此，世界各国都在争先开发风力这种新能源。

用风力工作的最好手段就是发电。要发电就得有动力机械，而古老的风车就是一种现成的"动力机械"。

19 世纪末，丹麦建造了世界上第一座风车式风力发电机，发电功率为 9000 瓦。之后，荷兰、法国等西方国家也相继建立了类似的发电设备。

我国地处亚洲大陆东南部，风力资源十分丰富。据估计，我国的风能总储量达到 32 亿千瓦，其中东北、华北、西北、青藏高原、东南沿海地区，可利用的风能前景十分可观。

1957 年，我国在江苏泰州建成了第一台风力发电机，之后，在吉林、新疆、浙江等地也相继建成了中小型风力发电机。到 2010 年，风力发电总装机容量达到 3000 万千瓦。相信，在不久的将来，风力发电会有更大的发展。当我们看到，那高高的风车在风儿的吹动下，"呼呼"地转动时，你是否会想到，它正在为人们带来可贵的电力！你是否还会想到，你手中的玩具风车是多么的神奇而伟大啊！

05　清宫里的葫芦游戏——空竹

◇ ·····················

太监抖葫芦

空竹是我国的一种传统玩具，在 2008 年北京奥运会的开幕仪式前，就表演了抖空竹。

提起空竹的发明，京津地区流传着一个有趣的传说。

清朝宫廷里有一个太监，叫粘禅。此人手很巧，擅长制作小玩意儿。秋天，宫里种的葫芦熟了。他看到有种两头大、腰细的小葫芦很好玩，就用丝绳缠绕在葫芦的细腰上，扯着玩。玩着玩着，葫芦并不会掉下，而是快速旋转，十分奇妙。

后来，他又在葫芦上开了两个小洞，这样葫芦转起来之后，空气从洞中通过，会发出"嗡、嗡"的声响，这样就更好玩了。

粘禅制作的葫芦玩具，吸引了宫中许

抖葫芦式空竹

多太监和宫女，一时成了宫中很时髦的玩具。

后来，这种葫芦玩具传到民间，并在庙会上流行起来。天津有个张木匠，在娘娘宫庙会上看到这种葫芦玩具，就买回去准备仿制。

他用竹子和椴木制成一个葫芦形的东西，它两头各是一个圆盘式盒子，中间连着一根轴。用绳绕在轴上，再扯着绳子，这玩意儿玩起来比葫芦更得手。很快，这种玩具在民间广泛流行起来。

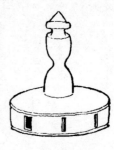

单轮空竹

那么，怎样称呼这种玩具呢？总不能再叫它葫芦玩具吧？后来，有人看到它是竹子做的，而且里面是空的，就叫它"空竹"。从此，空竹这个玩具在民间叫响了。由于这种玩具是源于葫芦，又像把壶，所以天津地区还叫它为"壶芦"和"闷壶芦"。

"抖起空竹入云表"

上面的传说，只是空竹发明的一种说法。其实，从现有的资料看，空竹至少在宋朝就出现了。

著名古典小说《水浒传》里有一段文字，说的是宋江受了招安之后，出征方腊，看到街上有人用"小索"连着的两根"巧棒"，不断拉动小索，耍弄一个"胡敲"。这个胡敲像个鼓形，其实就是现代的空竹形状。而那个"小索"就是扯空竹的拉绳。

《水浒传》是明初作家施耐庵所作，而反映的却是宋朝的事。由此可见，宋朝就有了类似空竹的玩意儿。

明代刘侗等在《帝京景物略》一书中，则详细介绍了北宋儿童玩空钟的游戏。这里所说的空钟其实也是指空竹。书中说，空钟乃"刳木中空，旁口，汤以沥青，卓地如仰钟，而柄其上之平。别一绳绕其柄，别一竹尺有孔，度其绳而抵格空钟，绳勒右却，竹勒左却。一勤，空钟轰而疾转，大者声钟，小者蚲蜣飞声，一钟声歇时乃已"。意即此空钟是用竹筒制成，中间是空的，用木板和沥青封口，旁边开口，中间有柄，立地像仰着的钟。玩时用一根带孔的竹尺，穿上绳子，绳子绕在柄上，用力一拉，空钟就会飞快旋转，发出的声音大的像敲洪钟，小的像虫子飞的声音。

美国洛杉矶艺术馆里，藏有一件"剔红婴戏纹圆盒"，盒盖上刻有婴戏图。图中就有一小儿抖空竹的情景。此盒乃明代永乐年间所制，这是明时儿童玩空竹的形象描绘。

清朝时，抖空竹的游戏就更广泛了，尤其是在北京地区。许多文字和图画中，都有玩空竹的生动记载。

《朝市丛载》中有竹枝词：

狗熊傀儡互喧阗，污粉淋漓跑旱船。

抖起空竹入云表，千人仰面站沟沿。

词中讲到与空竹并列的狗熊、傀儡、旱船等民间游戏，更是突出了千人仰看空竹抖入空中的情景。

清初画家焦秉贞所绘《百子团圆图》中，就绘有一小儿抖空竹的情景。而清代杨柳青年画《厂甸庙会》中，则绘有卖空竹的摊子。

如今，北京庙会中，空竹成了庙会的标志玩具之一。在各大公园里，都有人在表演空竹。抖空竹，成了人们健身和娱乐的重要方式。

与此同时，抖空竹也进入我国传统杂技之中。1974 年，我国发行的一套杂技特种邮票，其中一张图案就是抖空竹。

杂技抖空竹将玩空竹的游戏上升到技艺，不仅丰富了空竹的玩法，而且给人以美的享受。它不仅使国人另眼相看，而且令外国人眼界大开。

清代年画中的空竹图

1984 年 1 月 9 日，我国杂技演员在巴黎举办的"明日国际杂技节"上，表演了抖空竹节目，受到空前的欢迎，因而获得了金奖。

现在，抖空竹的高手已经把抖空竹的技艺玩到了极致，以至于锅盖、茶杯盖、花瓶、雨伞等东西，都可以当空竹——抖起来，真是令人耳目一新。

空竹做媒

空竹这种玩具，不仅平民百姓爱玩，连皇帝也喜欢它。前面讲到清宫太监、宫女玩空竹的故事，民间还传说乾隆皇帝用空竹为人做媒的故事哩。

乾隆皇帝喜欢微服私访，有一次他来到一座荒山里。他十分饥饿，身边没带食物，只好到山中一户人家讨吃的。

此户人家只有一个老妇和一个没结婚的儿子。儿子三十出头，出门砍柴去了。家中穷得一点口粮也没有，只有一个空竹和一只老母鸡。

好心的老妇人十分善良，虽然不知来人是谁，还是把鸡杀了，给乾隆吃了。乾隆吃完鸡，就对妇人说："听说你儿子还未娶妻，我吃了你的鸡，就赔你一个儿媳妇吧。"

说完，他拿起地上的空竹，在上面写了几个字。妇人儿子回来后，看到了空竹上写的字。有一次，他到城里去抖空竹，不小心把空竹抖到周员外家的院子里了。

周员外捡起空竹一看，原来那空竹上写的竟是"御帖"。"御帖"的内容是要为周员外招婿。

周员外赶紧来到院外，看到抖空竹的竟是一个穷小子，但又不敢违抗皇帝之令，只好把女儿嫁给了那个抖空竹的穷小子。

这段野史也许是人们编出来的，但也说明空竹这种玩具十分普遍，它不仅是皇宫里的玩物，也是穷人们穷作乐的游戏。

如今，空竹已经成了更广义的媒介了，它已经抖进奥运会、抖到了国外，成为中外文化交流的"媒人"了。

洋空竹"Yo Yo"

近年来，市场上出现一种类似空竹的时髦洋玩具。它比中国普遍常见的空竹小，大小只有陀螺那样大。它的名称很多，有叫"约约"的，有叫"摇摇"的，后来又叫它"悠悠球"或"溜溜球"。

原来，这种玩具来自国外，英文名"Yo Yo"，所以到中国就有了以上多种音译名。这种洋玩具应该是经改良的洋式空竹。它的特点是将空竹的两个圆轮几乎合在一起，中间的轴很大，几乎和轮一般大，大得中间只留下一道槽。它的玩法和空竹有点不一样，虽然它也是用一根绳索绕在轴上，因为轴很大，实际绳索是绕在槽中。玩的时候一般不用双手抖绳子，而是只需单手扯动绳子，这样就可以上下滚动。

"Yo Yo"玩具的正式名称叫 Potential，意即"储能器"。原来，它是用绳子扯动，从而把能量储存在其中，然后自由地将能量释放出来，靠着能量的释放，就可以玩出许多花样。

有的资料说这种玩具来源于 16 世纪的菲律宾，当时是猎人的一种狩猎工具，后来美国一位企业家将它改良成玩具。其实，说它来源于何处并不重要，重要的是它的构造和玩法是与什么东西相似。可以说，"Yo Yo"本质上就是一种空竹，只不过它利用了新材料、新结构，而使它有了别具一格的新玩法。由于它比空竹更方便携带，玩时不需要像抖空竹那样的大空间，所以一度玩"Yo Yo"成了一种热潮，这也可以说是一种求新的结果吧。

06 转到天上去的导航仪——陀螺

◇ ⋯⋯⋯⋯⋯

小费米的疑问

恩里科·费米是世界著名的原子物理学家，他是世界上第一座原子反应堆的设计者。就是这样一位伟大的物理学家，小时候竟对一个陀螺玩具着迷。

小费米常常和小朋友一起玩陀螺。他玩的时候常常会发出这样的疑问：为什么陀螺在高速旋转时，转轴始终保持垂直向上？即使地面凹凸不平或在斜面上旋转时，它的转轴也不会改变方向？

带着这样的疑问，他和小伙伴争辩、向老师请教，直到长大后成了科学家，他还在求索。正是这样的求索精神，启发他去探索原子的秘密。

对陀螺情有独钟的还有另一位原子物理学家，她就是号称"原子能之母"的居里夫人。她从陀螺的旋转特性中得到了精神启发。她说："当我像'嗡嗡'作响的陀螺一样高速旋转时，就自然排除了外界各种因素的干扰。"正因为排除了干扰，才成就了她一番举世惊人的事业。

为什么小小的陀螺玩具竟有如此大的魔力，吸引住大科学家？

这种玩具又是谁发明的呢？

"杨柳儿活，抽陀螺"

谁也不会想到，陀螺玩具的历史是如此悠久，它也许是人类最早发明的玩具之一。早在六七千年前的新石器时代，就有了石制的陀螺。这种石陀螺出现在浙江余姚河姆渡遗址中。这种陀螺身上还刻有美丽的花纹，和今天孩子们玩的陀螺毫无两样，用布条子抽打还能滴溜溜地旋转。在山西夏县仰韶文化遗址中，还出土了陶制陀螺。这种陶制陀螺在江苏东海县发掘的西汉遗址中也有发现。

有趣的是，在遥远的非洲古埃及底比斯，也出土过用木头和石头制作的陀螺，它的制作年代竟在公元前1250年。

由此可见，陀螺也许是一种国际发明。它的历史是如此古老，以至于老得难以找到它的具体发明者。也许它就是人类古老文明的结晶。

不过，陀螺这种玩具在民间的普及程度之高，那还数我们中国。在历朝历代，陀螺在我国各地有不同的名称，而且有时会根据时代的特点，赋予它不同的寓意。如"千千""冰猴儿""妆域""捻捻转""空钟""汉奸"等。

从宋朝开始，就有关于陀螺的文字记载了。宋代周密写的《武林旧事》一书中，就记有"若夫儿戏之物，名件甚多，尤不可悉数，如……千千……"这里说的"千千"就是陀螺。因为宋代绘画中就有"千千"这样的玩具。

有意思的是，大约同时期，云南西双版纳第四代大首领甸陇建仔，竟用金子铸造过一种金陀螺，送给他的外孙当玩具，这可以说是当今世界最贵重的陀螺玩具了。

在宋代，中国陀螺玩具还传到了外国。日本大修馆书店出版的《浮世绘大百科事典》中，就提到一种独乐玩具，是从中国经朝鲜传入日本的。这种独乐玩具就是陀螺。

到了明朝，陀螺更普及了。《帝京景物略》中说："陀螺者，木制如小空钟，中实而无柄，绕以鞭之绳……急掣其鞭，一掣，陀螺则转。"由于它像空钟,所以又称陀螺为"空钟"。明时还出现许多玩陀螺的童谣:"杨柳青,放空钟;杨柳活,抽陀螺。""鞭陀罗(螺),鞭不已;鞭不已,陀罗死。"前一首说明春季是玩陀螺的好时节,后一首点明怎样玩陀螺。

清代年画中的玩陀螺图

清朝的文字记载中,还指出了许多玩陀螺的技巧和花样。清朝元璟借山和尚在《鞭陀罗》诗中描述了小儿玩陀螺的情景:"嬉戏自三五,乐莫乐兮鞭陀罗……鞭个'走珠',鞭个'旋螺',随风辗转呼如何。"这里说的"走珠"和"旋螺"就是玩的花样。

抗日战争时期,人们又把陀螺称为"汉奸",人们手拿鞭子,边抽边喊"抽汉奸,抽汉奸",以表达抗日的心情。

飞上天去的陀螺

恐怕许多人不会想到,古老的陀螺,如今成了当代航天的一种不可缺少的工具。也就是说,在当今的航天器上,都要用到陀螺来当导航仪。

陀螺与陀螺导航仪

这是为什么呢？因为陀螺有一个怪脾气，就是在高速旋转时，不受任何干扰，永远保持旋转轴方向不变。这个特点在宇宙航行中特别有用，因为在太空中，没有固定的磁极，不能依靠指南针指方向。如果在航天器上装上陀螺，不管航天器在太空中如何运行，它的旋转轴方向都不会变，这样，旋转轴就成了最可靠的"指南针"，也就是导航仪了。

1852 年，法国物理学家傅科，正式提出陀螺导航这个概念，并制造出世界上最早的陀螺导航仪。20 世纪初，陀螺导航仪开始进入实用阶段，作为海船的导航仪。

20 世纪 30 年代，飞机上开始用陀螺导航仪取代磁罗盘。1944 年，德国开始在 V−2 火箭上装陀螺导航装置。1956 年，苏联用陀螺导航的运载火箭把世界上第一颗人造卫星送上天。1969 年，美国用陀螺导航的"阿波罗 11 号"飞船，把宇航员准确地送到了月宫。

另类陀螺

古老的陀螺，近来受到另一种陀螺的挑战，这就是倒立陀螺。

这种倒立陀螺和一般陀螺旋转方式不一样，它转着转着，会突然倒立过来，再继续高速转下去。

有人说，这种陀螺大约是三十多年前，英国人达凯创造出来的。也有人说，是 1979 年美国一家铸铁厂在生产时，偶然受一件铸铁片启发而创制的。

总之，这种陀螺的运行方式完全颠覆了通常陀螺的运动规律，被人称为"爆炸式陀螺"。它为什么会具有这样的怪异行为，令许多人百思不得其解，连当代有名的物理学家、诺贝尔奖获得者波尔也沉迷其中，试图找出其中的奥秘。

正因为倒立陀螺有如此令人伤脑筋的特性，玩起来又如此神奇，所以国际智力玩家，把它和魔方、饮水鸟合称为世界三大著名智力玩具。后两种智力玩具在本书后面会谈到。

07　　现代火箭的雏形——"起火"爆竹

◇ ·················

驱山鬼的爆竹

"爆竹声声除旧岁"，这一句诗道出了春节的热闹。放爆竹是节日中孩子们最喜欢的玩乐。那么，爆竹是怎么来的呢？

在汉朝东方朔写的《神异经》中，记载着这样一个故事：

在西方的深山里，有一种叫山臊的恶鬼，它经常出没村庄，祸害百姓。他还会传染一种怪病，致人死亡。为了驱除山鬼，人们想了很多办法。由于山里出产竹子，烧竹子时会发出爆裂声，于是，人们就用烧竹子的方法来吓唬山鬼。山鬼听到响声，果然害怕得逃走了。

后来，山鬼没了，但人们为了庆祝驱赶山鬼的胜利，就把点燃竹子的活动保留了下来。由于响声是竹子燃烧爆裂而产生的，就把这种东西叫"爆竹"。

后来，人们发现，有一种火药发出的声音更响亮，就改用火药来制造"爆竹"了。但是，人们十分难忘驱山鬼的竹子，所以，"爆竹"这个名不副实的名称仍旧保留了下来。

炼丹师的偶然发现

火药是我国古代闻名世界的四大发明之一。初看起来，药是用来治病的东西，它怎么能和火联系在一起呢？原来这里也有一个曲折的故事。

战国以来，我国盛行神仙术。传说人吃了仙药，可以长生不老。西汉时期，汉武帝十分怕死，就召集四方的方士，来为他炼仙药。从此就有了许多炼仙药的方士。

据说仙药是用丹砂矿炼出来的，于是，就有许多方士，躲到深山古洞里去炼丹。隋朝时，有一个老方士在山中炼丹时，有个叫杜子春的朋友去找他。由于天色已晚，就留住在炼丹炉的丹房里。半夜里，杜子春看到炼丹炉起火了，他匆匆跑出了丹房，透露了丹房起火的怪事。

丹药为什么会起火呢？这个看似偶然的事件引起许多人的深思。直到唐朝初年，药物学家孙思邈终于解开了这个谜。原来，丹药里有几种易着火的原料，它们是硝石、硫黄和木炭。由于这些药会着火，后来就把这些药总称"火药"。

终于人们发现，火药不但不能让人长生不老，甚至还相反，会要了人的命。但是，人们又想，何不将丹药这种"废物"利用起来，变成一种能起火爆炸的"爆竹"呢！这样，利用火药制造的爆竹就诞生了。

吓跑皇后的地老鼠

爆竹发明后，爆竹的形式不断翻新，先是以只听响声为乐。后来，有人在一般的爆竹上留一个孔，点燃后就会从孔中向外喷火，这样的爆竹就可以在喷火时飞起来。所以，后来就把这种爆竹叫作"起火"。

宋朝理宗皇帝在位时，经常在宫中放爆竹玩。有一天，皇后正在看放爆竹，突然一只"大老鼠"竟窜到了皇后的脚下，把皇后吓了一大跳。皇后想，这大白天的，宫里怎么来了这么大的一只老鼠呀？

地老鼠吓坏了皇后

后来，才发现这是虚惊一场。那不是什么大老鼠，而是一只像老鼠形状的爆竹。这种老鼠形状的起火，由于尾部留了喷火孔，所以可以在地面上乱窜。之后，人们就把这种"起火"爆竹称作"地老鼠"。

还有一种和地老鼠差不多的起火叫"走线流星"。它的构造和地老鼠差不多，只不过它是挂在铜丝上玩的，点燃后，它会沿着铜丝像流星般飞快地滑跑。

你别小看地老鼠和走线流星这一类"起火"爆竹，它们可是现代火箭的雏形啊，难怪有人说火箭是爆竹声中诞生的"婴儿"！

原始火箭与现代火箭

正规的"起火"爆竹是在一根竹竿上绑一个纸做的火药筒，火药筒下有一个喷火孔，点燃之后，燃气会通过喷火孔向下喷火，于是整个爆竹就会像箭一样，冲向天空。因此，当时人们又给它起了一个名字"火箭"。当然，这种火箭和我们当今所说的现代火箭虽然在构造上差很多，但飞天的原理是一样的。因此，我们可以把"起火"爆竹称作原始火箭。

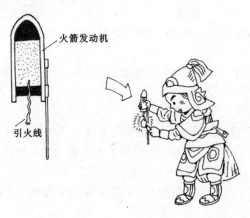

火箭发动机

引火线

"起火"爆竹与火箭

　　作为原始火箭的"起火"，开始是用来玩的，但是，大约从宋朝开始，却用它来作为武器。当时造过这种原始火箭武器的人，有一个是宋太宗开宝三年的兵部令史冯继升，另一个是宋真宗三年的神卫器军队长唐福。这种武器就是把"起火"装在箭上，利用箭尖去杀伤敌人。宋神宗元丰六年，北宋的军队就曾用这种原始火箭去抗击西夏军队的入侵。

　　到明朝，原始火箭更进了一步。明朝抗敌名将戚继光在抗击倭寇侵犯时，使用过一种叫"一窝蜂"的原始火箭，这种火箭是在一个火箭筒里装上 32 支火箭。它发射出去就像一窝蜂一样，众矢并发，威力很大。据说它可以射出 300 步远，力量能穿透皮革。

　　明朝的《武备志》书中，还记载了两种有趣的原始火箭武器，它们叫"神火飞鸦"和"火龙出水"。

　　神火飞鸦是用竹篾和棉纸制成乌鸦形外壳，在里面插上两支"起火"，再在壳体内装上炸药。点燃"起火"后，会把"飞鸦"射到 300 多米远，然后再自动引燃炸药，炸毁目标。这真是一种原始的导弹啊！

　　火龙出水是用竹筒制成龙身，用木头雕成龙头和龙尾，再在龙体内外各装一对"起火"，这两对"起火"是串联在一起的。先点燃体外的"起火"，将龙射出，接着自动点燃体内的"起火"，使龙再一次加速。这样就会飞得更远。它就相当于现代的多级运载火箭。

　　你真别小看了这些类似玩具的武器，它们不仅在当时的战争中起到了很大的作用，而且对现代也有极大的启示作用。因为它们就是现代火箭和导弹的雏形。

　　1957年10月4日，苏联用现代多级运载火箭把世界上第一个人造地球卫星送上了外太空，开创了人类航天的新时代。1970年4月24日，我国用"长征1号"运载火箭，成功地发射了我国第一个人造地球卫星"东方红一号"，这是我国航天事业发展的一个里程碑。

　　前面说过，在美国首都华盛顿的航空航天博物馆里，有一块说明牌上写着："世界上最早的飞行器是中国的风筝和火箭。"如果中国的风筝是最早的航空飞行器的话，那么，中国的原始火箭"起火"就是最早的航天飞行器了。

　　我们不能忘却风筝，也不能忘却"起火"！

08　和氏璧主人的象征——不倒翁

◇ ⋯⋯⋯⋯⋯

和氏璧的故事

不倒翁是孩子们十分熟悉的玩具，它常常被塑造成一个老翁的形象，你怎么按它，它也不会倒。那么，"不倒翁"这个名称是怎么来的呢？为什么不塑造成一个不倒的娃娃形象呢？

原来，这与我国古代一个著名的历史故事有关。

大家都知道成语"完璧归赵"吧，它用来比喻把原物完好地归还原主。这个成语出自汉朝司马迁写的《史记》。战国时代，赵国得到了楚国的和氏璧。这和氏璧是一种十分珍贵的玉石，秦国的秦昭王想用十五座城池来换取它。

现代不倒翁玩具

赵王怕上当，犹豫不决。此时，大臣蔺相如表示，自己到秦国去用璧换城。如果秦王真有意，就用璧去换；如无意，一定把璧完整地带回来。蔺相如来到秦国，发现秦王并无诚意换璧，而是想借机夺玉。蔺相如凭着自己的勇气和机智终于把和氏璧完好地带回了赵国。

那么，这和氏璧到底是一种什么玉，竟如此宝贵呢？原来，这玉是春秋战国时代的楚国卞和采到的，所以用和氏命名。卞和是一个老人，他在荆山采到这块玉，并把它献给了楚厉王。

可是，当时的匠人都认为这块美玉是假的。楚厉王很生气，竟认为卞和有欺君之罪，令人刳去卞和的左脚。

后来，楚武王继位。卞和不死心，又将这块玉献给了楚武王。可是，匠人们还是说这块玉是假的。楚武王也说卞和有欺君之罪，下令将卞和右脚刳掉。

再后来，楚文王继位。卞和虽然失去双脚，但还不甘心，又将玉献给了楚文王。楚文王看到卞和如此坚决，就决定将玉凿开来，看到底是不是真玉。结果凿开一看，发现这绝对是一块上乘的真玉。于是，楚文王令匠人将这块玉雕成一件圆形带孔的璧。为了嘉奖卞和，楚文王将这件璧命名为"和氏璧"。

楚文王看到这件美妙无比的璧，想到卞和即使失去双脚，仍然坚持自己的真知灼见，就感慨地说："和氏真是扳不倒的老翁也。"

后来，有人制作了一件像卞和老翁的玩具，以纪念这位"不倒"的老人，并且将这种玩具命名为"不倒翁"。再后来，虽然类似玩具并不都是老翁形象了，但人们仍称它为不倒翁。

劝人戒酒的"酒胡子"

不倒翁玩具，未必真像上面故事那样，是出自春秋战国时代。也许在更早的时候，就已经有了不倒翁的雏形了。

不过，在不同的时代，不倒翁的用途并不相同。在战国的楚国楚文王时代，它是一件表彰卞和的纪念品，而到了唐代，它却演变成了一种劝人戒酒的工具。这种工具当时被称为"酒胡子"。

传说唐代时酗酒成风，人们为了劝饮酒者少喝酒，费了不少口舌，但效果不大。后来有人看到不倒翁的样子，就用它来作为劝人戒酒的工具。

不倒翁怎么能和劝人戒酒联系上呢？原来，不倒翁按倒后，它会不停地摇摇摆摆，很久才会稳稳地立起来。于是，有人把不倒翁形象改造成一个酒鬼的样子。那样子是醉醺醺的、糊里糊涂的，所以叫"酒胡子"。在酒桌中央，摆上这么一个酒胡子，让它不停地在那儿东摇西摆。喝酒的人，看到它东倒西歪、醉得要倒下去难受的样子，就不会再喝酒了。

你看，一个小小的玩具，古时人们竟给它赋予如此深刻的警示意义，证明这件玩具的作用是如此的别具一格。它的形态有时可爱，会给孩子们带来欢乐；有时可"憎"，又会给人们带来思想上的启示。

扳不倒的秘密

不倒翁为什么不会倒呢？这个秘密就在物理学里，它利用的正是物理学里的最基本的力学原理：物体的重心理论。

每一个物体都有重心，它的重心位置越低，就越稳定。拿起不倒翁来掂一掂，你会发现不倒翁上身轻、下身重，也就是说它的重心很低。这样，它站立的状态就很稳定。

早期的不倒翁一般是用泥土和纸壳制作的，它的底部一般都是用泥做成实心的半球形状，而上部则是纸糊的空心的。这样，就保证了它上轻下重，重心很低。

现代的不倒翁大都改用塑料制作，它的造型多种多样，有的不再是老翁形状，而是时尚人物等。但是不管何种形状，其结构必定都是下部要比上部重，使重心尽量降低。

还有一种变形的不倒翁玩具，它的身子未必上轻下重，但是它垂下一

民间不倒翁玩具

双很沉的手，或是在下垂的手中握着很重的球，这样也可以降低重心。有一种可以在钢丝或笔尖上站立的小玩偶，就是这个样子。它之所以可以稳稳地站在钢丝或笔尖上面不会倒下来，就是利用双手握着重物下垂，而使重心降低。

另类不倒翁

不倒翁这种玩具，看起来十分简单，但是你可能不会想到，这么简单的玩具，却令许多科学家感兴趣。

许多交通工具，如飞机、轮船等，运行稳定是最重要的要求。怎么保证稳定呢？科学家就想到了不倒翁。如果把飞机、轮船都设计成不倒翁的结构，不就稳定了吗！

现代飞机和轮船的结构确实借鉴了不倒翁的原理。就是在设计时，尽量把整个飞机和轮船的重心降低。为此，飞机和轮船的沉重构件和承重设施、货舱等，都位于机体或船体的下部。尤其是动力设备、油箱等，更是位于底层。这样，即使飞机和轮船在大风或大浪中航行，也不容易倾倒。

在现代化矿井里，为了方便装卸矿物，科学家设计了一种不倒翁式运料车。这种车上有一个活动的装料斗，在未装料时，料斗重心偏上，所以不稳定，会倾斜。这种倾斜正好方便装矿石。等矿石装满后，装料斗的重心就会下移，变成一个"不倒翁"。这时，将运料车开走就十分稳定，而不会把矿石撒掉。

杂技演员在表演走钢丝节目时，也要充分利用"不倒翁"原理。为了走得稳，必须使自己的重心尽量降低。为此，演员常常要拿一根长长的杆子，并将这根杆子尽量放低，这样重心就会降低，走起来就十分稳当了。

有趣的是，"不倒翁"这个词，现在也走进语言文学中了。它已经变成了一个贬义词，用来讽刺那些巧于保持自己地位的人。现代绘画大师齐白石就多次将不倒翁形象画入画中，用以讽刺现实中的丑恶行为。1922 年，他画了一幅《不倒翁》画，画的是一个戴乌纱帽的官场小丑式不倒翁，并特地题诗曰：

　　　　乌纱白扇俨然官，不倒原来泥半团。
　　　　将汝忽然来打破，通身何处有心肝？

这首诗不仅把不倒翁的"内心"构造揭示得很清楚，而且十分贴切地鞭挞了那些左右逢迎、没有心肝的当权者。

09　　两小无猜的证物——竹马

◇ ·················

"青梅竹马"的来历

"青梅竹马"是一句大家十分熟识的成语，原指男女幼童天真无邪地在一起玩耍的情景，后来用以形容男女在幼时两小无猜的亲密友情。

这句成语出自唐朝诗人李白的一首诗《长干行》。这首诗的前六句是：

> 妾发初覆额，折花门前剧。
> 郎骑竹马来，绕床弄青梅。
> 同居长干里，两小无嫌猜。

诗句的意思是说，一个小女孩很小的时候，头发刚刚盖到额上，她折了一枝花儿在自家门前玩耍。一个小男孩骑着一匹竹马，绕着床玩弄手中的青梅果。两个人同住在长干里这个地方，互相间从未有过猜疑。

诗中的竹马，指的就是古时少年儿童中十分流行的一种玩具。可惜现在已经基本消失了。

其实，竹马是一种十分简单的玩具，就是削一根竹子，骑着当马玩。你看，一根平平常常的竹竿，在儿童心中竟变成了一匹活生生的马，这是多么具有想象力啊！

至于为什么叫"竹马"，而不叫"竹牛"或竹制的其他动物，据说与两千年前后汉时的一个故事有关。

南朝史学家范晔写的《后汉书》中，曾经提到过竹马。说的是当时有一个姓郭的县官，他上任时，路过西河美稷这个地方，有数百名儿童骑着竹马夹道欢迎他。西河美稷位于今内蒙古自治区准格尔旗北部。内蒙古草原主要交通工具是马，骑马是草原人民的拿手好戏。儿童用竹马当马，模仿骑手玩乐，这是很自然的事。数百儿童骑着竹马，不就像数百个真骑士吗，这是何等壮观的情景啊！

竹马的演变

竹马从最初时儿童的简单玩具，后来慢慢演变成更有象征性的玩物了。尤其是唐朝以后，竹马更是十分普及。这种演变，在许多诗词中都有体现。

唐朝诗人白居易在《喜入新年自咏》一诗中写道："大历年中骑竹马，几人得见会昌春。"从诗中可以看出，在新年期间玩竹马，具有特别的意思。人们看到骑竹马的游戏，会感受到春天的到来。

这时的竹马，样子也有变化了。它不再只是一根光溜溜的竹棍了，变得更形象、更生动了。

唐朝另一位诗人李贺在《唐儿歌》中，描绘的竹马更有"神"了。诗中说，"竹马梢梢摇绿尾，银鸾睒光踏半臂"。说的是那竹马的尾梢上还带着绿叶，这就像马的尾巴。骑着它就像银色的凤凰在手臂上下闪光。这带绿叶的竹马确实比光棍竹子更形象了。

后来，竹马不光有"马尾"，而且还有"马头"了。宋朝有一种陶枕上，常常会画各种图案。其中有一种婴戏枕，画的就是《竹马图》，是一个小童骑竹马挥鞭的图形。这匹竹马不光有竹叶作"马尾"，还安上了一个木马头作为"马头"。这样的竹马真是"有头有尾"，更逼真了。

宋代婴戏枕上的《竹马图》

到了明代，竹马又进了一步，安上了"马车"。明代安徽制墨名家方于鲁，曾制作了一种名墨"九子墨"。这是因为这种墨上绘有九个儿童在玩乐。其中就有一个儿童骑竹马。有意思的是，这匹竹马尾部竟装上了轮子，就像马在拉车。更有意思的是，"马车"前有儿童开道，后有儿童护驾，真是前呼后拥，热闹非凡啊！

舞台上的竹马

唐朝以后，竹马的功能又逐步提升了，它从儿童的玩乐，渐渐演变成了一种戏剧表演，从街头演出，发展到舞台演出。

清代婴戏图中的竹马战

南宋周密写的《武林旧事·舞队》一书中，提到当时武林（今杭州）的舞台上，出现了竹马舞。而且在戏曲演出中，有了"竹马儿"和"番竹马"等曲牌。

在元朝时的舞台表演中，正式采用以竹马作道具，代表真马。特别是战争题材的戏目，竹马几乎必不可少。因为当时作战的战士，大都要骑马。于是，就以虚代实，用一根竹马，代表一匹战马。元朝杂剧《追韩信》中，萧何就是骑着竹马去追赶韩信。

到了清代，竹马甚至造就出了一个新戏种："竹马戏"。"竹马戏"先是出现在民间"舞台"上，也就是出现在街头、田头上。后来，正式进入了戏曲舞台中。

那时，街头、田头演出大多在夜间，所以往往在竹马头上挂上灯，然后走街串巷演出。

清朝李声振在《百戏竹枝词》中，专写了《竹马灯》词。词中有两句是"红灯小队童男好，月夜胭脂出塞图"，说的是一队小男童，骑着装有烛灯的竹马，在月夜里表演《昭君出塞》一出戏。这里的"胭脂"指的是美女昭君，她出塞时，确实有一队队骑兵相送。这样的表演真是太逼真了。

康熙年间，福建省彰浦县还产生了一种独特的"竹马戏"戏种。它在演绎民间戏曲时，就保留着竹马这种原始的表演形式。据说，直至今天，这个戏种仍在当地延续，这真是一种难能可贵的近乎"戏曲化石"的表演。这也是一种有价值的非物质文化遗产。

现在，竹马已在大多数戏曲演出中消失。这是由于现代表演艺术已从写实向更加虚拟化的方向发展。由竹马代马，虽然已经向虚拟化方向前进了一步，但毕竟还是不很方便。于是，在一些戏曲表演中，更进一步虚拟化了，用马鞭代表马了。

竹马作为一种儿童玩具，似乎已经基本消失了。在舞台演出中，作为道具也基本上告别了。但是，它作为上一代人童年美好的回忆，永远留在许多人的心里。更何况，它已经进入了我国丰富的成语语言宝库中，这更令人难以忘怀。

10　　　飘飘欲仙的玩乐——秋千

◇ ·················

"日影垂杨舞半仙"

清朝词人李声振有一首《百戏竹枝词·秋千架》，其中有两句是："日影垂杨舞半仙，御风图画两婵娟。"意思是说，两位女子乘着风儿玩秋千，就像半个神仙在空中飞舞。

把玩秋千的感觉比作"半个神仙"，这出自唐玄宗李隆基。每当寒食节时，唐宫中就竖起秋千架，玄宗皇帝带领宫中嫔妃，一边开宴，一边荡秋千。皇上还把玩秋千称为"半仙之戏"，意思是，玩秋千者胜过半个神仙。由于皇上这样称呼，因此老百姓也就跟着呼之。

其实，秋千游戏早在唐朝之前，就在许多地区广泛地出现了，而且不限于寒食节期间。

据资料记载，早在1500年前，就有了清明节、寒食节玩秋千的习俗。南朝梁代宗懔在《荆楚岁时记》中就提到，荆楚地区（今湖北）寒食节有玩秋千的游戏。五代王仁裕在《开元天宝遗事》中说，唐朝天宝年间，宫中"竞竖秋千"。宋朝还出现一种"水秋千"，就是把秋千架在水上，当玩到高处时，就跳入水中。元朝熊梦祥在《析津志》中说，在清明、寒食二节中，宫中不但立有秋千架，还特地准备了蹴秋千的服装，玩者"金绣衣襦、香囊结带"，真有仙人的样子。

《金瓶梅》中的明代秋千图

　　明清之后，秋千更为普遍，从宫中传到民间，从富丽的秋千架，到树杈藤索，都成了游戏器械。更有甚者，还出现了四联秋千哩。清代李家瑞的《北平风俗类征》中，有描述女人荡秋千的词句，云："窄袖手摇蝴蝶影，短襟足破鸳鸯烟。"真是生动至极！

清代年画中的四联秋千

秋千的起源

秋千这种玩乐是谁发明的呢？有人认为，秋千最早不是一种娱乐，而是一种劳作。

古代劳动人民在生产劳动之时，看到树上挂着藤条，就会不自主地抓着藤条荡起来。开始也许是通过这种方式越过小沟，或荡到高处摘果，久而久之，变成了一种玩乐。

清朝翟灏在《通俗编》中提到，秋千正式作为娱乐，是出自春秋时代北方一个古老部族"山戎"。这个部族大约在今辽宁西南和河北东北部地区。他们生活在公元前7世纪，常常用玩秋千的方式来锻炼身体和娱乐。当然，那个时候并不叫"秋千"。

东周的周惠王十四年，也就是公元前663年，齐桓公讨伐山戎时，发现了这种游戏。于是，他把这种游戏从山中少数民族地区带到整个北方地区，成了北方地区广泛流传的娱乐。所以，至今还流传这样的俗话："南方好傀儡，北方爱秋千。"

秋千至今还是许多少数民族特有的娱乐。在北方，朝鲜族妇女喜欢荡秋千，跳跳板。其中还有一个传说。据说古代朝鲜妇女受封建传统约束，整天闷在自家的院子里，不准出大门。后来，她们为了看看院外的世界，就支起秋千和跳板，腾跃到空中，偷看外面的风光。

"秋千"和"千秋"

"秋千"这个名词又是如何来的，为什么把这种空中"半仙之戏"称作"秋千"呢？难道它和"秋天"有关吗？它与"千千万万"的数目有关吗？

有一个说法，也许可以解开这个谜。传说在西汉时，有人把秋千这种娱乐引入宫廷。汉武帝看到宫中的人都喜欢玩，自己也玩了起来。

当时，这种玩乐还没有名称，宫中的宫人和嫔妃为了讨好汉武帝，就将它称作"秋千"。汉武帝问："秋千"是什么意思？宫人和嫔妃回答是祝福皇上"千秋万岁"的意思。那么，为什么不叫"千秋"而叫"秋千"呢？宫人解释说，玩秋千玩到极点时，秋千就会倒过来，这"千秋"倒过来不就是"秋千"了吗！

原来，"秋千"这个名称还有祝福的寓意。这个习俗就像民间倒贴"福"字，象征"福到了"之意。

有意思的是，"秋千"名称的这种解释，后来竟引进到我国一种传统文字游戏中。这种文字游戏就是猜谜。猜谜中专门有一种谜格，叫"秋千格"。

"秋千格"的谜体是谜底要前后颠倒着念，比如说，一个谜语的谜底是猜一种游戏，根据谜面猜出的是"千秋"，于是谜底应为"秋千"。

举一个例子。谜面是"玉"，谜底打一个国家名，注明是"秋千格"。根据谜面，因为"玉"是"国"字的中间部分，于是可以猜出谜底是"国中"。但是，由于这个谜语是"秋千格"的，因此，谜底的文字要颠倒过来。"国中"颠倒后，就成了"中国"。于是，真正的谜底是"中国"。

附带说一点，秋千如今不光是一种玩物，而是已经列入民族体育的运动项目。更可贵的是，秋千如今还是飞行员和宇航员的训练项目。玩秋千不只能锻炼人的体力，还能锻炼人的平衡力，训练失重和超重的适应能力，古老的秋千已经在为新科技时代服务了。

11　　出人头地的绝技——高跷

◇························

从长股国谈起

高跷是我国民间一种人们喜闻乐见的表演形式，每逢节假日或庙会期间，总会有高跷队进行文艺表演。由于这种表演必须要有高超的技艺，而且它在表演时"出人头地"，不必设置高高的舞台，所以深受观众的喜爱。

那么，这种表演形式是怎样创造出来的呢？这有种种说法。

一种说法是，认为这种表演来源于神话，是出于人们对神话人物特技的向往。

我国战国和西汉时期，有一部充满神话色彩的伟大的地理著作《山海经》，其中提到过，在古时海外有一个"长股国"。"股"就是腿。原来长股国的人都生有一双长长的腿，也叫"长脚"。

晋朝有个叫郭璞的文人，对"长股国"加以注解。他认为长股国也可以叫"有乔国"，意思是，这个国家的人长得都像乔木一样高挑。再后来，有人认为长股国人身材比例超乎寻常，十分可爱，又十分滑稽可笑，就想模仿他们，作为一种游戏。怎么模仿呢？就想到在脚上绑上木棍，变得高大。于是，就把这种人造高人叫"乔人"。再后来，又有人把这种游戏叫成"双木续足之戏"，据说这就是高跷的来历。

另一种说法，则认为高跷来源于人们的劳动实践活动。古时，人们在浅水或湿地干活时，为了不弄湿鞋子，就会就地砍下两根带节的树枝，撑着它们劳作。久而久之，他们踩着树枝十分自如了，就演变成了一种民间玩乐。

我国山东和广西沿海地区的一些渔民，至今还保留着这种踩高跷捕捞鱼虾的传统作业方式。山东省日照地区的渔民就用这种方式捞虾，而广西东兴地区的渔民则用这种方式来捕鱼。渔民们为了深入到更深的海水里去扩大作业范围，还特地制作了一种劳作的特高高跷。当然，要掌握这种技艺，非苦练不可。

从长跷伎到民间社火

据史料记载，高跷作为一种专门的娱乐活动，是从宫廷开始，后来才慢慢普及到民间。

最早对高跷这一娱乐形式的记录，出自战国时代列御寇撰写的《列子》一书。这本书也有人认为是魏晋时代的人写的，写的多是春秋时代的事。

《列子·说符》篇中说："宋有兰子者，以技干宋元，宋元召而使见其技。以双枝长倍其身，属其胫，并趋并驰。弄七剑，迭而跃之，五剑常在空中。元君大惊，立赐金帛。"这里说的宋，是在春秋末期公元前531年至公元前517年之间，距今已有两千五百年的历史了。

文中讲到当时有一个叫兰子的人，要用一种技艺为宋元君取乐。宋元君把他召来观看。只见他用一对树枝绑在腿上，使自己像是长了一双新腿，身高增加了一倍。他活动自如，又跑又跳。而且他还手持7把剑，边跳边向空中轮流抛剑，使其中有5把剑总是悬在空中。宋元君看后十分惊奇，马上赐给他金子和绸子以作奖励。这里描述的实际上是一种杂技，但因为加上了高跷技艺，就显得更加精彩了。

　　后来，高跷就经常出现在宫廷的表演中，而且把进行这种技艺表演的人称为"长跷伎"。南朝梁武帝时，宫廷有49项礼乐，其中有一项就是"长跷伎"。这里说的"长跷"就是指高跷。

　　在《魏书》《宋书》等古籍中，都记载着宫廷的杂技中有"长跷"一项。而且书中点明这种杂技在汉、晋、南北朝时期都在宫殿中盛行。

明清时代的高跷

　　到了唐朝，虽然异邦文化大力引进，但唐朝宫廷乐舞中，仍保留了"高跷"一项，而且作为一种唐朝舞蹈形式。《旧唐书·音乐志》说："梁有长跷伎、掷倒伎、跳剑伎、吞剑伎，今并存。"这里说的梁是指后梁，即后唐的前一代，约为公元 907 年至 923 年之间。后唐将后梁的长跷伎保留下来，与掷倒（翻跟斗）、耍剑、吞剑等杂技并列，可见这种表演在宫中的地位很高。

到了宋朝，讲述民间高跷活动的文字多了起来，说明从这个时期开始，高跷活动慢慢从宫廷扩展到了民间。在宋朝和元朝的许多记事书籍，如《都城纪胜》和《武林旧事》中，都提到民间社火中，有踩高跷的表演。

社火是一种在节日和庙会中，公开表演的民间文艺形式。到了明清时期，社火中的高跷表演有了更高层次的发展，表演者开始化装成各式人物，有点像戏剧演出了。

清朝康熙年间的《百戏竹枝词》中，有一首《扎高脚》，写的就是化装的高跷表演。词中说：

> 村公村母扮村村，屐齿双移四柱均；
> 高脚相看身有半，要知原不是长人。

说的是农夫用木柱绑在脚上当屐齿，他们原不是高个子，但绑上高跷就有原来身子的一个半高了。他们打扮成村公、村母，四脚均匀地移动行走，到各村去表演。

清末魏元旷在他写的《都门琐记》中说，踩高跷的多为小伙子，他们不仅"履平地如飞"，而且还可以"金鸡独立"和"劈叉"。可见，不管在宫廷，还是在民间，高跷表演的技艺，真是越来越丰富了。

高跷的创新

高跷这种玩乐，十分悠久。经历千百年的传承，它不仅没有消失，而且在近代，还有了创新。

首先，它在表演形式上有创新。它不但在民间社火和庙会活动中越来越活跃，而且正式进入了艺术殿堂。

早在清朝，就有艺术家把它引入戏剧表演中。清朝杨懋建所作的《梦华琐簿》一书中就提到："闻老辈言，歌楼梳水头、踹高跷二事，皆魏三作俑。"说的是清代乾隆年间，有一个秦腔花旦魏长生，首先把梳水头和走高跷两种技艺引到了秦腔表演中。在秦腔中引进高跷，不但丰富了表演内容，而且增加了表演的难度，使观众耳目一新。

在此之后，有许多表演艺术家都继承了这一表演特技，而且产生了一种新的表演形式，叫"跷工"，就是耍高跷的表演功夫。

著名京剧表演艺术家荀慧生、梅兰芳都掌握了这种"跷工"，并融入自己的京剧表演中，大大丰富了京剧的演技。

近来，在各种文艺演出和电视表演秀中，都出现了高跷表演。表演的技巧早已超越了宫中的"长跷伎"了。踩高跷演杂技、劈叉、翻跟头、叠罗汉等新"跷工"，使人惊叹不已。

高跷泥人玩具

此外，高跷作为一种玩具，在构造上也有创新。有的高跷高到高过几个人高，甚为壮观。还有一种弹簧式高跷，上面装有弹簧、踏板和把手，可以双脚蹬在踏板上，手把着把手，通过弹簧产生弹力跳高，有的甚至可以通过这种高跷跳绳。这项活动甚至还有吉尼斯纪录哩！

12 古老的足球运动——蹴鞠

◇⋯⋯⋯⋯

刘邦父亲的烦恼

"蹴鞠"意思就是"踢球"。"蹴"就是用脚踢。"鞠"是一种用革制作的球，和今天的足球差不多。

蹴鞠作为一种民间游戏，历史十分悠久。据说在黄帝时代就十分流行。西汉帛书《十元经·正乱》就提到，黄帝和蚩尤作战时，就用蹴鞠来训练武士。

但是，蹴鞠游戏的广泛流行，还是在民间。《战国策·齐策一》中就说："临淄甚富而实，其民无不吹竽、鼓瑟、击筑、弹琴、斗鸡、走犬、六博、蹹鞠者。"这里说的"蹹鞠"就是"蹴鞠"。这里把蹴鞠与音乐、斗动物、棋类连在一起，成了民间普遍流行的娱乐，而且"民无不"为之。

有一个故事更能说明蹴鞠的吸引力。这个故事记载在东晋葛洪写的《西京杂记》中，书中说汉高祖刘邦登基后，十分高兴，特地把老父亲接到宫中。老人虽然在宫中住好的、吃好的，但还是整天闷闷不乐。这是为什么呢？刘邦派人去打听，原来老人"平生所好"是蹴鞠，而且"以此为欢"。宫中虽有乐舞，但没有蹴鞠。由此可见，蹴鞠比音乐、舞蹈更有意思。因为前者多为欣赏，而后者可以参与。

蹴鞠这种游戏比较简易，所以不管穷人、富人都能玩。西汉桓宽所写的《盐铁论》中，就提到"穷巷蹴鞠"，可见在平民小巷中就有蹴鞠游戏。至于富人则更不在话下了。汉成帝刘骜、大臣染冀、大将霍去病等都是蹴鞠高手。

女子蹴鞠

蹴鞠是一项运动量极大的游戏，似乎只适于男人。但是，这项活动却自古就有女人参与，这不能不说明这项游戏的广泛性和开放性。

据资料看，最早的女子蹴鞠出现在唐代。唐朝王建写过一本《宫词》，其中第八十八首是：

宿妆残粉未明天，总立昭阳花树边；

寒食内人长白打，库中先散与金钱。

这里说的"白打"就是指蹴鞠的一种方式。它不是多人群踢，而是个人自娱自乐。白打有许多种花样，除了自娱自乐外，还可以相互比赛，看谁踢的花样多、花样难。

宋代蹴鞠图

　　词中提到唐时宫女们常常在寒食节时，于花前树下玩"白打"。后来，这种"白打"的玩法就不独只属妇女了，成为男女都玩的方式。

　　宋朝有一幅《蹴鞠图》，画的就是"白打"的情景。其中除有男人白打外，还有妇人在边上击乐伴奏，这就近乎表演了。

　　白打的方式主要在于玩技巧，而不是争斗。有用肩、背、膝、脚踢等许多种名目，还有拍、拽、捺、控、拐、勾等许多动作，真是花样万千。

　　元朝许多杂剧中，都描写过女子蹴鞠。如元代大戏剧家关汉卿写的《女校尉》散曲中，就有女子蹴鞠的内容。

　　在明清时，蹴鞠甚至成了妓女必须掌握的技艺。明朝兰陵笑笑生作的《金瓶梅词话》中就有妓女蹴鞠的描写，甚至还有插图。图中画着二男一女在蹴鞠，旁边还有围观者。妓女李桂姐、李桂卿就是蹴鞠好手。书中所述妓女蹴鞠虽为卖艺，但也说明女子掌握这门技艺不难，且十分正当。

明代百子刺绣中的踢球图

从战场到球场

最早的蹴鞠，除去民间的自发性娱乐外，有组织的蹴鞠那是在军队的练兵中。

汉代的《汉书·艺文志·兵家》中，就列有《蹴鞠二十五篇》。这说明在汉代的兵家训练中已经广泛地利用蹴鞠了。宋朝李昉等编撰的《太平御览》转引的《会稽典录》中，就提到"汉末，三国鼎峙，年兴金革，上以弓马为务，家以蹴鞠为学"。看来，到宋朝，家家都要学蹴鞠，以便为从军而用。宋朝孟元老在《东京梦华录》中甚至说，左右军在筵前蹴鞠。士兵们在吃饭时也蹴鞠，说明蹴鞠在军中的作用非凡。

汉代的球场选择和设置，有专门之规。在汉代李尤写的《鞠城铭》中，球场是这样的：

　　　　圜鞠方墙，仿象阴阳。
　　　　法月衡对，二六相当。

这是指球场呈方形，有方墙围起来。其中有阴阳象位，还有"平衡相对"的鞠室，"二六"是指鞠室的数量，每室有一人。这就是说，球场上有不同区域，每个区域里有踢某个方位的球员。这和今天的足球场地各区和球门情况差不多。

到唐宋时，蹴鞠开始发生变革，变成一种正规的比赛形式了。开始有了专门的球场、球门和球，还有系列的玩法规则。这就相当于今天的足球运动了。

北宋还出现了专门管理蹴鞠的行会"圆社"。这说明，蹴鞠到宋朝后，不光有球场，而且有管理的机构了。

南宋陈元靓在他写的《事林广记》中，还刻有宋代"球门图"。这里的"球"就是指足球。图中显示了球场的球门位置、球场大小、球员分布等。

今天，足球已经成为体育运动中的三大球之一，甚至成为众人最关注的体育比赛项目了。我们在观看足球时，是否会想到，这项运动的起源，原来是发自我们中国啊！

13   脚尖上的"攒花"——毽子

◇ ⋯⋯⋯⋯⋯

蹴鞠与踢毽子

踢毽子是一种很常见的游戏，也是一种极古老的玩乐。它到底起源于何时呢？有不同的说法。

宋朝有名考证家高承认为，踢毽子来源于蹴鞠，他在《事物纪原》一书中说，踢毽子乃"蹴鞠之遗事也"。就是说，踢毽子是蹴鞠遗留下来的事物。他为什么这样说呢？原因是鞠和毽都是用脚踢着玩的，只是一个是用革制作的球，一个是用毛制作的毽；一个是往远处踢，一个是在脚尖近处踢。

前面说过，蹴鞠起源古老，传说为黄帝所创，这样说来，我们上古时代就有毽子这类游戏了。还有一种说法，踢毽子最晚在汉朝就有。因为在汉代出土的画像砖上，就有踢毽子的形象。

在唐朝释道宣写的《高僧传》一书中，提到南北朝时踢毽子已经技艺十分高超了。那时称毽子为蹀䤅，就是一种用脚踢的、类似碟子一样的东西。大概是指毽子底是用金属片制作而成的。书中说，有人"在天街井栏上，反踢蹀䤅，一连五百，众人喧竞异而观之"。

将踢毽子说成是古蹴鞠演变而来，还有一个根据，就是前面说过，蹴鞠中有一种打法叫"白打"，即不设球门，不设球场，不必多人踢着玩，而是可以一人玩。这种白打的玩法，在宋朝的《事林广记》和明朝的《金瓶梅》中都有描述，只要和踢毽子玩法相互对照，就可以看出它们是极其类似的了。

"攒花日夕未曾归"

踢毽子到宋代以后，就十分普及了。在宋朝周密所著《武林旧事》中，提到集市上有卖"鞬子"的，可能那时的毽子由于变成了商品，鸡毛供不应求了，所以改用皮革制。

到明朝时，毽子已引入到杂技中，玩的技法已经表演化了。清朝阮葵生在《茶余客话》中说："京师杂技，千态万状，以踢毽为最，三四人同踢，高下远近，旋转承接，不差铢黍。"书中还提到，表演者玩它的套数竟多达百十种，如里外帘、拖枪、耸膝、突肚、佛顶珠、剪刀拐等。总结起来，分盘、拐、磕、蹦四大类。盘是用双脚轮流踢，拐为用脚外侧踢，磕为用膝盖踢，蹦则用足尖踢。实际上还有用头顶和胸部踢等。

清代词人李声振写的《百戏竹枝词》中，有一首是专门咏《踢毽儿》的：

青泉万选雄朝飞，
闲蹴鸾靴趁短衣。
忘却玉弓相笑倦，
攒花日夕未曾归。

清代踢毽子图

词中将毽子称作"攒花"，原因在词前小序中已说明清楚："缚雉毛钱眼上，数人更翻踢之。名曰'攒花'，幼女之戏也。踢时则脱裙裳以为便。"词中提到踢毽时，着短衣，看到毽子像鸟儿一样飞翔。鸡毛攒集在一起，形状如花，玩到天黑了竟忘了回家。你看，踢毽子是多么吸引人啊！

词中还点出了毽子的材料。一般都是以鸡毛为羽，用铜钱作托，将毛固定在铜钱上，做成像一朵花一样。

晚清一名外交家，用外文写了一本《中国人自画像》。书中将踢毽子列为中国人的标志之一。他在书中详细写了毽子的制法："它由四根鸭毛穿过一两枚我们的方孔钱做成，鸭毛在钱下面掀起来，以便使鸭毛富有弹性。"

当然，毽子用鸡毛和鸭毛都可以，而且并非只有四根。早期的毽子托都是利用铜钱制作，这也是由于取之方便。至于羽毛固定的方法，则有很多种。有用线绑布包的，也有用黏性大的胶粘起来的。不过，最经典的方法是在铜钱上打小孔，将羽毛插入，而将毛根翻入大方孔中。打孔的方法在早期都是用筷子和缝衣针做成土钻头，小心地在铜钱上钻孔。这真是一门微妙的金属加工技术哩。

毽子

毽子情思

踢毽子自古以来，既是一种玩乐，也是一种健身的游艺。

明朝的《帝京景物略》中，有一首记录各种游戏的儿歌，其中一句是："杨柳儿死，踢毽子。"说的是，冬天一到，杨柳就枯了，这时正天寒。为了抵御寒冷，活动身子骨，就去踢毽子。

东北冬天天寒地冻，人们为了抗寒，往往会在冰上踢毽子。不过，那里的毽子不用鸡毛而用狗毛做，这也是就地取材。由于天冷，东北人踢毽子往往蹦着踢，所以又叫"蹦毽"。

你想得到吗，踢毽子还能传递情思。古时，踢毽者往往都是幼女。其实正如《北京庙会旧俗》所言，后来"男女老少都踢，就连皇宫里的宫女和嫔妃也喜爱踢毽子，传说光绪皇帝的嫔妃就是一个踢毽子的高手"。

清代康熙初年一位著名词作家陈维嵩（崧），写了一首《戏咏闺人踢毽子》，词中不仅描述了一位少女踢毽子的情景，而且表达了她对一位相好儿郎的情思：

娇困腾腾，深院清清，百无一为。向花冠尾畔，剪他翠羽。养娘箧底，捡出朱提。裹用绡轻，制同毬转，簸尽墙阴一线儿。盈盈态，诧妙逾蹴鞠，巧胜弹棋。鞋帮只一些些，况滑腻纤松不自持。为频夸狷捷，立依金井，惯矜波悄，碍怕花枝。忽忆春郊，回头昨日，扶上栏杆剔鬖丝。垂杨外，有儿郎此伎，真惹奏人思！

这位闺中少女，因居深院，无所事事。于是剪下鸡羽，从养娘盒子里，捡出朱提。这朱提原是产银之地，在云南昭通县。这里指的是铜钱。之后，用绡子包裹成毽球，玩着比蹴鞠、弹棋更胜一筹。正玩得不亦乐乎，忽然想起昨天曾在朱楼栏杆前，透过柳丝，看见有少男也在玩毽子，于是惹起一片情思！

小小的毽子啊，你这不起眼的玩意儿，竟打开了少女的心田。今天，它更为人们打开一片健身娱乐的新天地。

少林寺的辅助功

你想得到吗，闻名天下的少林武功也曾用玩毽子来做辅助功哩。

唐代释道宣在《高僧传》中，记述了一段北魏（386—534）时，河南嵩山少林寺的祖师跋陀的一个故事。

有一天，祖师跋陀到洛阳去，有"沙门慧光年立十二，在天街井栏上，反踢蹀蹀，一连五百，众人喧竞异而观之。佛陀因见怪曰：此小儿世戏有工"。

文中所说的蹀蹀，就是毽子。年仅十二岁的慧光，用脚外侧反踢毽子，而且一连竟可踢五百下，可见其功夫了得，难怪引得众人大开眼界。后来，跋陀就收慧光为弟子。从此，慧光成了少林寺的小和尚，而踢毽子也成了少林寺武功的辅助功，从而丰富了少林武功。

14　来自原生态的玩物——嘎什哈

◇ ‥‥‥‥‥‥‥

悲哀的嘎什哈

嘎什哈是北方各民族普遍都玩的玩具，它原本是动物身上的一块骨头。就是这样一件原生态的玩具，在北方达斡尔族中，却引来一段极其悲哀的传说。

达斡尔族是一个靠狩猎为生的民族，闲暇时，他们将猎取的狍子后腿膝盖骨取下，当玩具玩。有一个叫阿尔塔尼莫日根的猎人，有个心爱的妹妹叫爱其克。由于这位猎人特别钟爱自己的妹妹，竟引起了妻子的忌妒。因此，嫂嫂想加害于他妹妹。

一天，嫂嫂提议和小姑子一起玩嘎什哈。玩着玩着，嫂嫂骗小姑子说，有个新玩法特别有趣，就是将嘎什哈从嘴里吞进去，竟可以从鼻子里跑出来。并叫小姑子试一试。

小姑子不知是计，真的将嘎什哈放进嘴里，结果卡在喉咙里吐不出来，顿时窒息死去。

阿尔塔尼莫日根打猎回来，看到妹妹死去，不知是妻子所害，就将妹妹放进棺材，按达斡尔族的风俗，让鹿车自个拉着棺材出门安葬。

鹿拉着棺材跑了很远，来到一户人家。这户人家家中有老两口。他们打开棺木一看，里面有个女孩。他们无意中扶起女孩的身子，拍打她背部，嘎什哈竟然吐出来了。可怜的爱其克幸运地复活了，并且与老两口的儿子成了亲。

后来，爱其克生了个男孩。爱其克请一个女仆照看孩子，并教给女仆一首催眠歌，歌中唱道："这是爱其克的孩子，阿尔塔尼莫日根的外甥。"

有一天，猎人顺着鹿车的痕迹来到老两口家，听着女仆唱催眠歌，才知妹妹没有死。后来，与妹妹重逢了，妻子终于受到了惩处。

这个故事原本是说明人要扬善弃恶，但从故事中，我们了解到了北方狩猎民族的玩物嘎什哈。

北方民族的文化体现

嘎什哈本是满语，它指的是猪、羊、黄羊、狍子、獐、鹿等动物的膝盖骨。是达斡尔族、满族和蒙古族等北方民族的传统玩具。

清朝《日下旧闻考》中说，满族"童子相戏，多剔獐、狍、麋、鹿前腿前骨，以锡灌其窍，名嘎什哈，或三或五，堆地上，击之中者，尽取所堆，不中者与堆者一枚。多者千，少者十百，各盛于囊，岁时闲暇，虽壮者亦为之"。

满族先人生活在东北密林中，打了猎物后，就割下猎物前腿，取出膝盖骨，带回部落，作为收获的证据。带回的膝盖骨越多、越贵重（如虎、熊等猛兽膝盖骨），就表明越有成就。

在满族旧制中，嘎什哈甚至还是贡品之一。在当时的贡品名单中就有"獐子嘎什哈二百八十个，狍子嘎什哈三百二十个"的记载。

蒙古族是游牧民族，蒙古语中称羊膝盖骨为"石阿"。古代草原民族契丹人称此为"髀石"。而北京地区，俗称"羊拐""贝石"。

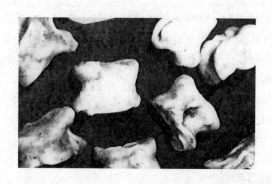

羊拐

　　藏族等西部少数民族地区也流行羊拐。在青海玉树藏族自治州结古地区，每到新春佳节，小伙子们也常聚集在一起，以玩羊膝骨为乐。

　　北京是北方少数民族聚居地，所以民间玩嘎什哈的风俗流传极广。尤其是冬季天气寒冷，所以在坑上玩嘎什哈，就成了少年（尤其是少女）的所爱。他们甚至在玩乐中，编出了许多童谣。以下一首，就是玩乐时最常唱的：

> 打了一个一、一个一，
> 一根儿手指头抹糖稀；
> 打了一个二、二比二，
> 庄里的小狗儿不吃那小玩意儿；
> 打了一个三、三个三，
> 一番两番连三番……

　　从这首童谣中，我们可以看出，它很像儿童时玩"打花巴掌"时唱的歌谣，可见它是多么深入孩子们的心灵。

源远流长的历史

　　嘎什哈来源于猎物，同时充分反映了游牧民族的生活印记，同时也体现了这种玩具的悠久历史。

　　考古发掘可以证明，玩嘎什哈早在一千多年前就很流行。

早在北魏时期，那时的鲜卑族就将嘎什哈用于游戏或作为殉葬品。用嘎什哈殉葬，说明这种玩具是多么的重要。而且在出土的殉葬品中，不仅出土了原生态的骨质嘎什哈，甚至还有人造的其他材料制成的嘎什哈。

在黑龙江畔绥滨县的中兴乡，1973 年发掘出金代墓群，其中 3 号墓中，出土了一件仿羊距骨状的水晶制的嘎什哈。1974 年，在绥滨奥里米，也发掘到金代墓群，其中 24 号墓中，出土了一件羊或狍子距骨状的玉质嘎什哈。在黑龙江省阿城，还出土了一件铜质酷似羊距骨的嘎什哈。

在古代墓葬中，出现玉质、水晶质、铜质等高档材质的嘎什哈，说明嘎什哈这种玩具已经从原生态玩具演变成了一种古玩收藏品。这说明，这种充满乡土味的民间玩具，也可登上大雅之堂了。

在古时，玩嘎什哈其实还有许多说道。就嘎什哈形状而言，它有四个凹凸不平的表面，其中凹面曰"坑"，凹面的侧面叫"大耳朵"，凸面曰"背"，较平的面叫"小耳朵"。在民国时期出版的一本《桥西杂记》里，还记录下了许多玩法，其中最主要的是抓拐、弹拐和打拐等。

现在，玩嘎什哈的人已经很少了，但其作为一种原生态的玩具，还是值得人们怀念的。首先，它十分环保，而且废物利用；其次，它十分利于健身，而且简便易玩，但愿它不被历史遗忘。

15 应该向鸟致歉的猎具——弹弓

◇ ··················

射向黄雀的弹丸

我国有句成语，是"螳螂捕蝉，黄雀在后"。寓意是比喻那种鼠目寸光，不顾后果的行为。这句成语是怎么来的呢？原来它出自西汉韩婴写的《韩诗外传》里的故事。

书中说："黄雀方欲食螳螂，不知童子挟弹丸在榆下，迎而欲弹之。"故事出自春秋时代，那时吴王利令智昏，一意要讨伐楚国，遭到许多人的反对。他毫不听劝，竟下令谁反对就杀掉谁。

面对吴王的昏庸，谁也不敢反对。然而，吴王手下有一个青年侍从十分聪明，想出了一个办法说服了吴王。他用的是什么办法呢？原来就是用了玩具弹弓。

青年侍从故意拿着一个弹弓，在吴王后花园里来回奔跑。吴王问他在干什么，侍从说："园中有树，其上有蝉。蝉高居悲鸣，饮露，不知螳螂在其后也！螳螂委身曲附，欲取蝉而不知黄雀在其傍也！黄雀延颈，欲啄螳螂而不知弹丸在其下也。此三者，皆务欲得其前利而不顾其后之患也。"意思是说，螳螂捕蝉，黄雀要吃螳螂，而又有人在用弹弓打黄雀。决不能只顾前利而不顾后患。

　　吴王听了侍从的这番话，反省自己讨伐楚国的行动正是顾前而不顾后的行为，于是放弃了讨伐楚国的打算。后来，西汉的韩婴又用"螳螂捕蝉，黄雀在后"的故事来劝楚王别兴师伐晋。现在，这句话就成了一个有名的警示性成语了。

　　从这个故事可以看出，弹弓应该至少在春秋时代就出现了，不过那时它不是玩具，而是一种捕鸟的工具。

　　在《吴越春秋·勾践阴谋外传》中，还记录着一个用弹弓打鸟的故事。当时人死之后，用茅裹尸，投弃在郊野之外。其子必须带弹弓守卫，为的是防止鸟类来噬食尸体。看来，带弹弓防卫在当时还是一种丧葬习俗哩。

弹丸之地

　　常常有人用"弹丸之地"来形容地方很小。这句话出自《史记·平原君虞卿列传》，书中有句"此弹丸之地弗予，令秦来年复攻王，王得无割其内而媾乎？"意思是此地方很小，没有必要再割地求和。

　　弹弓的原理和弓箭差不多，早在上古时代，就有"羿射九日"的神话，可见弓箭和弹弓的历史比春秋还要早。不过，弓箭射出去的是尖锐的箭，所以射程远，杀伤力大；而弹弓射出去的是丸形土团或石块，射程近，杀伤力较小。

　　弹弓的弹力来源在早期也和弓箭差不多，是在弓上而不是弦上。弓弯曲后放手产生反弹力，将箭弹出去。早期的弹弓和弓箭形状类似，有清代《旧宋三百六十行》一书为证。书中说："卖弹弓、卖袖箭的小贩，多赶庙会或到厂甸摆摊出售。弹弓系用竹子制作的，其弦的中间附有圆形小槽，是丝编成的，弹槽内安上泥丸，对准枝头小鸟把弹丸射出去。"

　　由此看来，宋代时的弹弓，也是用竹作弓、丝线作弦，只不过弹弓的弦内藏有泥丸。只是到了后来，发现牛筋一类的东西有弹性，就将弹弓的构造改变了。弹弓的弓改为树丫，不用像竹片那样弯曲了。弦改为牛筋。这样只需将弦拉伸，松开手来就产生了弹力。

　　魏晋时期有个"高富帅"式的美男子潘安，他常常带着弹弓在洛阳街头耍"酷"，引来众女子围观。他的弹弓是用铁打的，弦是用洛阳城里最彪悍的牛的牛筋做成的，可以说是最高档的弹弓了。

　　要说高档，还有比潘安的弹弓更昂贵的，不过贵的不只是在弹弓上，而且在弹丸上。五代十国时期，在后蜀孟昶的后宫里，宫女们正在休息。忽然皇帝来到这里，用玉制弹弓打出一颗金弹，射落一只流莺，惊动了一旁的花蕊夫人。后来，宫女们也争着挥起玉弹弓打金丸，许多金丸一一飞入乱花中。你看，宫中用的弹弓是玉做的，弹丸是金做的，这是何等奢侈啊！

　　更加暴富的还有一位汉武帝的朋友韩嫣，他也和潘安一样喜欢到大街上去玩弹弓。他也是用的金弹，而且一天就要打出十多颗，引得路人都跟着他去抢拾金弹。

　　当然，后来普及型的弹弓的弦都由牛筋改为橡胶了。弹丸则多就地取材，用泥团或石子。

　　橡胶的老家在巴西，生活在那里的印第安人最早懂得使用橡胶。我国海南在20世纪初也引种了橡胶。所以，后来常用的弹弓，应该是在橡胶被广泛使用后产生的。

明代婴戏图中的弹弓

将弹弓送进博物馆

　　弹弓的发明，原为打鸟作乐。用现代文明的观点看，实在是一种对自然的破坏。更有甚者，古时还有用它打人，更是一种不能容忍的恶习。

　　春秋时的昏君晋灵公就是一个坏例子。他就曾经在宫廷的高台，以弹弓打人为乐。

　　宋代还出现了一种用弹弓打鸟的"伎艺人"。在宋代周密所著的《武林旧事》中，甚至记录有其姓名，如杨宝、蛮王等十人。

　　不过，古时也有过一些不许用弹弓打鸟的正面事例。据说西汉时的宣帝刘询曾下过这样的诏书："其令三辅毋得以春夏掷巢探卵，弹射飞鸟。"春夏之交，正是孵卵季节，一个帝王，不管他的目的如何，禁止用弹弓射击飞鸟的行为总是好的。

　　弹弓作为一种古老的玩具，曾经给儿童带来一些欢乐，甚至给某些人带来一些技艺。比如，我国第一位奥运会金牌获得者、射击运动员许海峰在谈到自己的运动生涯时，就提到他小时候特别爱玩弹弓，所以练得"枪法"特别准。但是，这种玩具在今天，应该说其主要作用是负面的，应该摒弃它。

小孩玩弹弓

　　近来，在收藏市场上，弹弓又有复活的趋势。这种弹弓虽然也可实用，但更多的是作为一种工艺品用于收藏。让我们先向鸟儿道歉吧，然后再把它永远收藏起来，送入博物馆，作为人类发明的一种警示。

16 货郎的有声招牌——拨浪鼓

◇ ·················

拨浪鼓的前身

拨浪鼓是一种常见的低幼儿童玩具，看似十分简单。在一面鼓的两侧，各系一根小绳，小绳上安一个小球。再在鼓上插一个柄，摇动小柄，小球就会敲打鼓面，发出声音。

别小看这种拨浪鼓，它的历史非常悠久，而且是古代一种必备的礼乐乐器。

各种各样的拨浪鼓

《周礼·春官·小师》中记载："小师掌教鼓、鼗、柷、敔、埙、箫、管、弦、歌。"也就是说，周朝礼乐中要用到多种乐器，其中鼗就是今天拨浪鼓的前身。

郑玄在这部书中特别注出："鼗如鼓而小。持其柄摇之，旁耳还自击。"原来，鼗是一种小鼓，摇动后，旁边有耳可自击。这不和今天的拨浪鼓形状一样吗！

儒家经典著作之一《书经》的注释中提到："鼗属堂下之乐。"也就是说，鼗是在一部乐曲的后半部中才演奏的。书中还说："下管鼗鼓，合止柷敔。"就是在后半部用鼗鼓演奏后，再用柷敔来结束。

那么，"鼗"字是怎么来的呢？《说文解字》中认为，"鼗"是"鞀"的异体字。由此可以推出，"鼗"就是用皮革制成的小鼓。

今天，我们可以从山东省出土的汉代画像中，看到古代鼗的样子。它就是一种带柄、带把的手摇小鼓，和今天的拨浪鼓样子相同。

从宫廷走向民间

东汉晚期，鼗开始从宫廷走向民间。而且从三个方面得到发展。就是用作民间娱乐乐器、货郎商业用具和儿童玩具。

山东省出土的东汉晚期画像石上，有《百戏画像》，上面画有种种娱乐：歌舞、杂技等。其中就有用鼗来伴奏的。

货郎用拨浪鼓招揽顾客，可以从南宋李嵩画的《货郎图》中形象地看出来。货郎挑着一担玩具和小百货，手持一只拨浪鼓，走过街头。这拨浪鼓就像有声的招牌，代替用口吆喝。也许正是这个原因，人们又把货郎的拨浪鼓称作"拨郎鼓"吧。

清朝杂剧家李渔写了一个剧本《风筝误·惊丑》，其中就有一首诗中提到拨浪鼓：

> 满手持来满袖装，清晨买到日黄昏。
>
> 手中只少播鼗鼓，竟是街头卖货郎。

在这句诗中，说到有人买了满手和满身的货物，就像一个卖货郎，只是手中缺了一个"播鼗鼓"。这"播鼗鼓"就是指拨浪鼓。

其实，从李嵩的《货郎图》中我们可以看到，拨浪鼓不仅是货

旧时货郎图中小儿手拿拨浪鼓

郎的有声广告，也是儿童的玩具。因为在这个货郎的货架上，还插着一个玩具拨浪鼓哩。这个拨浪鼓竟然是由四个大小不一的拨浪鼓串联而成的，就像一串糖葫芦。这四个鼓由于鼓的面积不同，所以摇动之后会发出大小不同的声响。更神奇的是，这四个鼓的鼓面还可以自由旋转，使发出的声音可以向四方传播，简直是一套"立体声音响"了。

在南宋苏汉臣所作的《五瑞图》中，还画有一种更精彩的拨浪鼓。这种鼓是由两个鼓串联而成的，但是这两个鼓外形不一样，其中一个是长方形腰鼓，另一个则是扁平的圆形鼓。而且鼓面可以错开，这样敲起来，发出的声音更动听了。

走进文学的玩具

小小的拨浪鼓，给婴幼儿及儿童带来无穷的欢乐，所以，它自然而然地走进了许多有关的古典文学作品中。

古典小说《金瓶梅》中，就详细地描写了李瓶儿用拨浪鼓哄小孩的情景："李瓶儿慢慢拍哄的哥儿睡下，只刚叭过这头来，那孩子就醒了，一连醒了三次，李瓶儿教迎春拿博浪鼓儿哄着他，抱与奶子那边屋里去了。"这里提到的"博浪鼓"就是拨浪鼓。从此文中可以看到，用拨浪鼓哄小孩，比拍哄的效果强多了。

在古典小说《西游记》中，拨浪鼓不再是儿童玩具，而是大人的"玩物"。小说描写唐僧师徒来到"镇海禅林寺"见一西方路上的喇嘛僧，他"头戴左笄绒锦帽，一对铜圈坠耳根。身着颇罗毛绒服，一双白眼亮如银。手中摇着博郎鼓，口念番经听不真"。此处所述的"博郎鼓"也即拨浪鼓。看来，这种拨浪鼓类似转经筒，是喇嘛僧手中的法器。

更有意思的是，古希腊哲学家亚里士多德也对拨浪鼓感兴趣，他甚至把拨浪鼓和哲学联系起来。他在他写的《政治论》中说，拨浪鼓是逗小孩玩的，为的是吸引小孩使他不至于打破室内的其他东西。他说拨浪鼓"确定是一种绝妙的发明。因为小孩总是好动的，摇鼓是适合幼儿心理的玩乐"。

古老的发声玩具

拨浪鼓可以说是一种十分古老的发声玩具，它与中国另一种古老的发声玩具哗啷棒有异曲同工之妙。

哗啷棒的发明也许是受自然界的发声葫芦启发。葫芦晒干后，里面的肉腐烂了，留下了籽，这时摇动葫芦，就会发出沙沙声。后来，古人仿照发声葫芦烧出了陶制发声玩具。

在我国许多史前文化遗址中，都发现了这种陶质发声玩具。如湖北省屈家岭、朱家嘴和毛家山遗址，四川省清水滩遗址，安徽省薛家岗遗址，江苏省圩墩遗址和河南省唐家寨茨岗遗址等。它们呈球状，表面有孔，直径约3厘米至9厘米，内装有各种质地小丸粒。

发现了如此多的陶质发声玩具，令考古工作者十分感兴趣。中国历史博物馆宋兆麟先生对它进行了深入的研究，认为它"不仅是古代一种重要的球类玩具，也是一种原始乐器"。它与拨浪鼓的发声原理相同，只不过一个是从外面向鼓面敲打，而另一个则是从内部向球壳敲打。

由于这种陶质球会发出"哗啦哗啦"的声音，所以民间称这种玩具为"哗啷棒"。而宋兆麟先生则在他的文章中命名它为"陶响球"。

17 高尔夫球的远祖——捶丸

◇ ·················

"寒食宫人步打球"

高尔夫球是西方的一种运动项目，也是一项娱乐活动。近年来，我国许多地方也引进了这项运动，人们开始对它熟悉起来。

其实，类似的运动在我国唐代就有了，那时把这项娱乐项目叫"步打球"。

唐代王建写的《宫词》中有一首：

> 殿前铺设两边楼，寒食宫人步打球。
> 一半走来齐跽拜，上棚先谢得头筹。

词中所说的"步打球"是以杖击球。这种活动多于寒食节期间在宫中的殿前广场举行。活动场地两边设有高楼。打球的人是宫人。这是一种双方比赛的运动方式。既是比赛，就只有"一半"的人获胜。获胜的一半人，要走到棚前，两膝跪地，接受获得"头筹"的奖励。"跽"就是两膝跪地、上身直立的意思。看起来，当时得胜后的颁奖仪式还真是十分隆重。

现代高尔夫球是用球棒击打球，使球进到远方的球洞中。而唐代的步打球，虽然没有球洞，但是有"两边楼"作球门。看似球的目的地不一样，但打击的方式是相同的。由此可见，步打球可以认定是高尔夫球的前身，或者说高尔夫球有步打球的影子。

"好事者多好捶丸"

到了宋朝，步打球有了新的发展，形成了另一项更类似高尔夫球的运动——捶丸。

"捶丸"二字，从其名字就可以看出它是用东西去"捶击"丸子一类的球。捶丸到底是什么样子？我们如今有幸可以到山西省洪洞县广胜寺水神庙去亲眼观看。庙里的壁画就有"捶丸图"。这幅壁画反映的是元代事物，从画中可以看出元代的捶丸已经不是在宫中进行，而是在户外的野地里进行了。这就更接近今天高尔夫球的场地情景了。

捶丸活动从宋朝开始盛行，一直延续到金、元、明时期。元代杂剧《逗风流王焕百花亭》中，就将捶丸与棋类游戏、文字游戏相并列。

元代捶丸图

明代周履靖还刻印了《丸经》，他在书跋中还说："予壮游都邑间，好事者多好捶丸。"这说明，在明代城市中就有许多捶丸的爱好者。

捶丸与今高尔夫球更接近的地方，不只是场地在野外，而且场地上有球洞。不过，那时的球洞称作"窝"。

据当时的资料记载，捶丸用的棒叫"权"，俗称"棒"。棒的形状不同，有杓棒、扑棒、撺棒、单手棒、鹰嘴棒等多种，这比今天的高尔夫球棒复杂，但其中的鹰嘴棒更接近今天的高尔夫球棒。棒的制作考究，不亚于今天的高尔夫球棒。它是用秋冬时节的木料，用牛筋、牛胶黏合加固而成。但加固制作应在春夏时节。这是因为秋冬时木材干燥、坚固，而春夏时，筋胶黏合度好。

捶丸用的"丸"，又叫"球"。但不是用毛绒制作，而是用瘿木，也就是树瘤子制作。树瘤子十分坚固，不易损坏。选树瘤子也十分讲究，不能太轻，也不能太重。轻，击打会发飘；重，击打会发沉。

捶丸的场地，一般都设在户外的野地里。这野地的选择，倒不如今天高尔夫球场地那么讲究，不一定要大片平整的草地，往往是凹凸不平的。这可能与当时的条件有限有关，不过这样也增加了捶丸的难度。

场地上有球洞，即"窝"。这窝边还插有小旗。不同窝插的小旗颜色不同。和高尔夫球一样，以球打入窝为胜。

捶丸的场地和高尔夫球场地一样，也画有击球点。这样的击球点，当时叫"基"。基为方形，长、宽不足一尺。

捶丸的人可分伙，也可不分伙。玩时还有许多规矩，这和今天的高尔夫球几乎类似了。

今天的高尔夫球，有人认为发祥于英国，也有人认为是荷兰人所创。不过，世界上第一个高尔夫球俱乐部于 1608 年在英国伦敦创立，距今已 400 多年了。而我国早在 12 世纪时，就有了类似高尔夫球的"步打球"和"捶丸"了。有人认为，也许高尔夫球是由中国的捶丸演变而来的。不过，这只是一种推测，还未有确切的证据。

儿童"高尔夫球"

从以上分析看，我国古代的"步打球"和"捶丸"活动，似乎都属于成人。因为其中有许多讲究，难免不适合儿童。

但是，作为玩乐，古时儿童也有过类似高尔夫球的活动。

在日本珍藏的唐朝中国花毡上，织有儿童击球的图案。这种击球的方式也是用球棒，而且棒呈勺形，很像高尔夫球棒。

宋朝范公偁在他写的《过庭录》中，也描述了儿童击球情况。书中提到一种角球，就是用槌形木来击的球。

宋朝的陶枕上，常常画有婴戏图，其中有玩竹马的，也有玩击球的。击球图中儿童用的击球棒棒尖呈三角形，很像今天的高尔夫球棒。如果能玩"穿越"的话，看到他一定会以为是宋朝的小高尔夫球手在击球哩！

18 消失了的中国式保龄球——木射

◇......

保龄球的起源

保龄球是西方流行的一种娱乐活动。《中国大百科全书·体育卷》中，把它列入体育运动项目。

这项西方流行很久的活动，过去很少有人知晓，那时叫它"地滚球"。我国改革开放后，正式引进来。现在，在许多宾馆或娱乐场所都开展了这项活动，但现在都叫它"保龄球"。

保龄球据说起源于公元 3 至 4 世纪的德国。那时，在德国的天主教堂的走廊里，设置了许多木柱，象征邪恶。天主教徒们进到教堂后，就用石头滚到地上，去击倒这些木柱。他们认为，击倒了木柱，就表示打翻了邪恶。这样，就能为自己消灾赎罪。

后来，这种活动慢慢地传到社会上。人们模仿教堂走廊上的木柱，制成许多瓶子状的东西。同时，用木球来代替石头，去滚击前方放置的"瓶子"，以击倒瓶子为乐。

再后来，这种娱乐更正规化了。人们专门设置了场地，场地上铺上了滚球道，还有记分牌，用来记录击倒的瓶子数，甚至配备了专门的球鞋、球袜，并正式命名这种娱乐为"地滚球"。

　　地滚球从德国传到欧洲其他国家、美洲，以至世界，就有了英文名称"bowling"，即"滚木球游戏"。传到我国后，就根据英文音译成"保龄球"。保龄球于1895年正式进入国际竞技领域，成为世界上一项专门的体育娱乐活动。引进我国后，也成了人们喜欢的一项锻炼身体的活动。

　　也许有人认为，保龄球是一种地道的西方竞技体育活动，和东方文化似乎没有关系。其实，当我们仔细分析这种娱乐方式，再考究中国古代游戏文化，就会发现，在我国古代也有类似的"地滚球"娱乐。不过那时当然不会叫保龄球，也不叫"地滚球"，而是叫"木射"。这种娱乐也许因为当时认为带有某种封建色彩，所以后来消失了。其实，我们除去其中的政治色彩，取其中的运动本质，还是可以将其发扬光大的。

木射不是"射"

　　"木射"二字，初看以为是用木头去"射"击某种东西。其实，这个"射"不是指"射击"，而是用"射击"这个词来强调"击"中某个目的物。

　　木射出自唐朝。唐朝陆秉为此专门写了一本书，叫《木射图》。这本书虽然后来失传了，但幸好宋朝人晁公武了解这本书的内容，并在他写的《郡斋读书志》中，详细追记出了木射的真相。

　　据书中记载可以看出，木射游戏中，也有类似保龄球中的目的物"瓶子"类东西，这种东西不是瓶子形状，而是竹笋形状，叫"木笋"。游戏时，也是用木球滚动去击中目的物木笋。书中强调"击地球以触之"，表明是将球放在地上，然后击打此球，让它滚动前去触动木笋，使木笋倒下。可见，木射不是"射"，而是"滚"。这就是说它不是"中国式棒球"，而是"中国式保龄球"的原因。

　　值得注意的是，木射用的木笋不是一个，而是15个，这也和今天的保龄球差不多，保龄球的目的物"瓶子"也不是一个，而是多个。当时在欧洲流行时是9个瓶子，叫"九柱游戏"。传到美国后改成"十柱"，后增至更多。和保龄球不同的是，保龄球的目的物"瓶子"的形状、花纹相同,而木射的目的物"木笋"虽形状相同,但上面涂了不同颜色和写了不同文字。

15个木笋共分两组,一组涂红色,共10个;另一组涂黑色,共5个。红字为"仁、义、礼、智、信、温、良、恭、俭、让",代表正面的一方;黑字为"慢、傲、佞、贪、滥",代表反面的一方。这15个字反映的是封建伦理道德标准。其中"仁、义、礼、智、信"为"五常",是汉朝董仲舒提出来的。木射中,扩展到10种褒义、5种贬义。

玩的时候,先将15个木笋摆在场地上的一头。在场地的另一头,放着一个球。玩者站在场地另一头,用手或其他东西将球从地上滚到场地的另一头,去触及木笋,使木笋倒下。由于使用了15个木笋,所以这种木射游戏也叫"十五柱球戏"。

木射游戏不是像现在的保龄球那样,击倒的目的物越多越好,而是分击倒的是什么木笋。如果击中黑色木笋,则为胜;如果击中红色木笋,则为败。由此可见,木射比保龄球还要复杂,它要选择瞄准滚触的木笋类型,所以难度更大。木射比保龄球难度更大之处,还体现在目的物形状上。保龄球的目的物"瓶子"不是很稳定;而木射的目的物"木笋"下大上小,比较稳定,不易打翻。

木射虽然反映了封建伦理,但今天来看,也有一定的正面意义,我们完全可以从新的角度去加以评析。再说,木射这种游戏本身,完全有利于健康。所以,我们在接受西方保龄球的同时,也决不可忘却这种中国式保龄球游戏。

木射的"远亲"

木射是以球作"箭",木笋作"靶"产生出来的一种玩乐。而追溯这种游戏的渊源,我们还能找到它的"远亲",那就是"击壤"。

击壤历史十分悠久,相传起于帝尧时代。"壤"是什么东西?据三国时魏国邯郸淳写的《艺经》中说:"壤,以木为之,前广后锐,长尺四,阔三寸,其形如履。"原来它是一种用木制的像鞋子一样的东西。

击壤怎么玩呢？《艺经》中又说："先侧一壤于地，遥于三四十步，以手中壤击之，中者为上。"原来是先在一侧地上插一个壤，然后在它三四十步远的地方，再拿另一个壤去投击它，击中就算赢了。

你看，击壤是不是很像木射，只不过它用一个壤代替木笋，另一个壤代替滚球，目的一样，都是要让目的物击倒。只不过击打方式不一样，一个要靠"滚"，另一个则靠"击"。

晋朝皇甫谧在《帝王世纪》一书中说，在帝尧之世，天下大和，百姓就以击壤作乐。每当劳动之余，老人们就会在田头以击壤来休闲。而且边玩还要边唱："日出而作，日入而息。凿井而饮，耕田而食。帝力于我何有哉！"歌中表达了老人们自食其力，劳作后玩乐的心情。由于那时多为老人玩这种游戏，所以有人称之为"野老之战"。

但是，后来这种游戏已经从老人普及到了大众，甚至儿童。清朝周亮工在《书影》中还记有一首有关击壤的童谣。"杨柳青，放风筝，杨柳黄，击棒壤。"童谣中的"棒壤"是指木棒状的壤。原来，早期的壤不是木头做的，而是用土堆起来的。

清代《授时通考》中的击壤图

　　现在，击壤游戏也已消失了。其实这种游戏很简单，也很适合儿童玩乐。可以用木棒代替壤，就地玩起来。在近来举办的全国少数民族传统体育运动会上，湘西哈尼族运动员就表演过类似的民族体育游戏。但愿它能普及起来。

19　　　　　套圈游戏的前身——投壶

◇ ⋯⋯⋯⋯⋯

宴宾时的礼节

早在两千多年前的周代，就十分讲究礼节。《礼记》一书中，讲到其中一礼：投壶。

明代汪褆在《投壶仪节》中专门讲了这种礼节。书中说："投壶，射礼之细也，燕而射，乐宾也。庭除之间，或不能弧矢之张也，故易之以投壶。"就是说，古时为取乐贵宾，用射箭作礼，但在室内不便射箭，就改用投壶作为礼节。

投壶，就是将箭投入远处壶内。河南南阳出土的汉代画像砖中，就刻有投壶图。图中的壶细口大肚，投中很困难。而投壶之箭已去金属尖，只留尖头木杆，这样不会伤人。

汉画像砖上的投壶

作为一种礼节，自然会有一套规矩。宋朝司马光在《投壶新路》和明朝江瓃在《投壶仪节》中，都讲到了投壶行礼的细节。

参加投壶的人，除宾客、主人外，还要设"礼生"一人，在一边唱赞歌；另设一人，负责"司射"，相当于司仪；再设"弦者"，负责配乐；还有"赞者"，负责取箭等。由于投壶是在酒宴中举行，还有"使人""酌者"管献食、行酒等。

投壶仪式场地也有规范。壶居中，主席、宾席在正座，其余人位于两边。另有一位重要的"使人"负责计算投入箭数。计算的"算"用的是一根筹。"算具"，是一种卧兽形的器皿，叫"中"。器皿上有孔，凡投入一箭，就在"中"的孔里插入一根"算"。这就相当于比赛的记分牌了。

投壶这种礼仪，也可以看作是一种高雅的游戏，不过也有闹得令人不快的时候。据《左传·昭公十二年》记载，公元前533年时，齐国侯景到晋国去祝贺晋嗣君即位，在宴席上，就举行了投壶礼节。在礼节中，宾主各赋诗炫耀自己国家比对方国富民强，争当霸主。结果投壶成了打嘴仗。

但是，到汉朝以后，人们开始不拘古礼，把投壶从礼节中摆脱出来，以娱乐为主了。女人也闯入这个原为男人设置的节目中来了。而且有人开始离经叛道，玩花样了。比如晋朝就有人"闭目而投"；隋唐时，还有人"背坐反投而无不中"。明朝有人竟玩出数十种花样，比如"三矢并投"等。到明清时，女人们玩投壶的情况就很普遍了。《红楼梦》中就讲到姐妹们在大观园玩投壶的快乐情景。

从投壶演化而成的套圈

套圈游戏如今特别普遍，各游戏场和庙会上，套圈游戏比比皆是。这套圈游戏，其实就是从古代投壶演化而来的。

投壶作为一种礼仪，束缚较多，所以到汉朝后开始转为游乐项目。但是，由于投壶要置备特殊的壶和箭，玩起来比较麻烦。而且用许多箭只投一个壶，未免单调。由此，就有了改革的呼声。

宋朝史学家司马迁，就主张改革投壶旧礼仪，撰写了《投壶新格》，但也是换汤不换药。

后来有人吸收了古时"击壤"游戏的优点，改"投"为"掷"；改投掷目标"单一"的壶，为多个"壤"。

那么，用什么掷呢？有人想到"圈"。提起圈，人们不免想起我国古代神话中的哪吒，他脚踏的风火轮不就是可以旋转的圈吗！于是，人们就地取材，用树枝或竹条做成圈，去套"壶"，这就产生了套圈游戏。

现代套圈游戏已经花样翻新，套的东西五花八门，就给人新鲜感。加上设套者用各种奖品吸引人的眼球，所以引得许多人跃跃欲试。

其实，设套者在圈和被套的目标上做了许多"暗套"，让你的脑子被"套"住了，自以为很容易"中的"，实则难以成功。一是在目标设置上，目标尺寸仅微小于圈径，很难套入；二是目标的位置远离掷套者，难以对准；三是圈有弹性，而且圈不均匀，重心偏置，容易在目标上反弹而不中等。

总之，套圈仅仅是一种游戏，只要人的脑子别让圈套套住，不会把人生去当作一种游戏，乐一乐也就罢了。

从滚圈到呼啦圈

说到套圈不免要联想到有关"圈"的其他玩具。比如，早期童年玩过的滚圈和曾经风行一时的呼啦圈。

滚圈是一种极原始、极古老的玩具。据《阶梯新世纪百科全书》介绍，这种玩具至少被孩子们玩了好几个世纪了。

早期的滚圈可能取自大自然的柳条或竹子弯成的圆圈。后来炼铁工业发展，工匠们用铁制成箍木桶的箍，于是这种箍被孩子们用来当作理想的滚圈玩具。

早期的滚圈是用手拨着圈，滚着玩。据说这种玩法起源于远古的荷马时代，人们在当时的文物中发现圆形的石饼，推断它就是用手推动滚着玩的。

后来，发现用东西推着玩更方便、更好使，于是有了推动工具。欧洲人用的工具比较简单，就是一根小棍，用来拨着玩。玩时，用小棍拨着圈的内外沿。我国则是用一种铁叉子推着圈的外沿玩。

西方小孩滚圈

与滚圈相关的玩具还有呼啦圈，它也是滚着玩。不同的是，前者在地上滚，后者在人身上滚。

呼啦圈玩具也十分古老。在古希腊和古罗马的花瓶上，就刻有玩这种玩具的图案，不过当时叫"玩具环"。据说，古希腊的环是铜做的，而古罗马的环则是用铁做的。当时的医生还向国王建议推广这种玩具环，用来锻炼身体。

有资料考证，呼啦圈起源于 2500 年前的玻利尼西亚。玻利尼西亚地处太平洋中部，这里的人们常常用跳舞来祈求神灵。当时，人们是用藤圈套在身上跳舞，舞名就叫"呼啦"，所以后人就称这种圈为"呼啦圈"。

20 世纪 50 年代，美国人开始将这种呼啦圈引进来作为玩具，不过藤圈已改成塑料圈了。

呼啦圈在 20 世纪 80 年代传入我国，由于"呼啦"二字，在汉语中有"快速"的意思，所以呼啦圈这个玩具也很快深入人心，成为风靡一时的游戏。

现在，玩呼啦圈的人少了。但是作为一种杂技和表演性艺术，它经常在舞台上和电视中出现。在时尚的艺术体操中，也引进了呼啦圈元素。呼啦圈，已经从玩具进入到艺术领域了。

20 指尖上的小球球——弹子

◇ ·················

原始的球

童年时代，许多人都玩过弹子，就是那种玻璃小球球。因为它是用来在地上弹着玩的，所以人们都叫它"弹子"。

香港人把打弹子叫"打波子"，这是英文 BOWL 的音译，意思就是"滚球"。西方还叫它 MARBLES，意思是"石球"。

现在的弹子大多是用玻璃制作的，它看起来十分美观，也很便宜。

提起玻璃球，我们不免会想起它的"始祖"。实际上，在人造球体出现前，大自然就存在各种现成的球。如球形土团、被水冲刷成球体的石块、植物的球形果实、动物的球形骨头等。

人们在不满足自然的球对玩的要求时，就想去造球。在很早以前，人造球就诞生了。在我国母系氏族社会的遗址——西安半坡村，就发掘过原始社会留下来的人工石球。

后来，又有了用泥土搓成的泥球。再将泥球烧制，制成了陶球、瓷球。再后来，又利用石英砂等原料造出了今天的玻璃球。

五光十色的弹子

实际上，作为玩具的弹子，并非全是玻璃的，还有黏土的、陶的、石灰石的、玛瑙的、砂金石的、硫化玻璃的等。

弹子上的颜色和花纹也是多种多样的。除了单色外，还有彩色的，上面绘有人物像的，以及带旋涡条纹的等。

旋涡条纹弹子

明代刘侗、于奕正编的《帝京景物略》中说，三月北京小孩儿玩"泥钱"，向地上画的方城远撇。后改用"泥丸"，与玩泥钱略同。此处的撇泥丸和弹泥丸相近。这种泥丸已接近黏土弹子了。

黏土弹子早期比较多，但到 1900 年就停止生产了。我国清代生产的一种雕花黏土弹子，十分珍贵。它上面雕有花草和铜钱图案，中央是空心的，里面还藏有小泥球。它弹起来还会发声，兼有弹子和发声玩具的功能。

18 世纪时，德国人特制了一种玛瑙弹子。它色泽鲜艳、美观，极为罕见。后来出现了仿制的染色玛瑙弹子，因为少见，也很受收藏者的欢迎。

19 世纪时，法籍美国设计师 NCHDLAS LOTZ 用有色玻璃和铜砂混合，制成一种砂金石弹子，因上面混有铜，所以金光闪闪，十分耀眼。

　　我国儿童玩的玻璃弹子大约在清末开始由国外引进。民国时，有一种汽水瓶颈中夹有玻璃球。人们就常常取下弹着玩。

　　在玻璃弹子中，最美观的要数带旋涡条纹的。这种弹子从19世纪末到20世纪初，产量达到高峰。它是在不同颜色的熔融玻璃热浆外，再加一层透明玻璃，重新加热而成。它的颜色艳丽、条纹多变，美不胜收。其中有一种"红彩云"旋涡条纹弹子十分珍贵。

　　硫化玻璃弹子也是在19世纪末至20世纪初出现的。德国生产的一种硫化玻璃弹子内，藏有微型石膏或黏土雕像。这种弹子很少有人将它弹着玩，而是用来摆设和收藏。

　　1926年，美国特制了一种漫画人物弹子。上面绘有当时著名漫画人物像，十分可笑。

1926年美国特制的漫画人物弹子

　　如今，弹子作为地上玩的玩具，似乎已经消失了。但是，人们并没有舍弃它，因为在别的游戏场合，我们还能看到它的踪迹。

宇航员与弹子

弹子，这手指尖上的玩意儿，似乎已经转移了"战场"，正在许多别的玩物上立新功。

跳棋是一种大家熟悉的棋类玩具。这种棋类的棋子就是玻璃弹子。一般跳棋是 6 个人玩的，所以必须要用 6 种颜色的弹子。

市面上流行一种迷宫式弹子游戏。小的弹子迷宫可以放在手掌上把玩。这种迷宫有许多通道，弹动其中的小弹子，让它通过弯弯曲曲的通道，顺利到达终点，就算成功了。由于迷宫的通道十分曲折，所以要玩成功得费不少劲。

大型迷宫游戏往往是商业性的。店主设有桌子大的迷宫，里面设有弹子通道。在通道中间，开有许多洞，如果弹子落入其中，就可以得到相应的奖品。由于有奖品的吸引，所以许多人会花钱去玩一玩。

弹子最特别、最时尚的玩法，则是它在太空中显的身手了。

1985 年，美国"发现号"航天飞机发射到太空。航天员竟然也在太空中玩起玩具来。他们玩的是什么玩具呢？有玩具汽车、有陀螺、有类似空竹的"YO YO"，有能翻身的玩具老鼠，还有就是弹子。

这种弹子可不是寻常那种玻璃弹子，而是磁性弹子。磁性弹子就是一种带磁性的小球。在地面玩这种小球时，要是把它们一个一个地接近，会吸成一串。提起来，会垂直悬挂在空中。当弹子数少时，它们不会断；但到了一定数目，由于重力大于吸力，就会断开。一般大体可以吸住 5 枚弹子。

那么，在航天飞机上会怎么样呢？由于太空中重力极小，竟然可以吸住 13 个弹子。有趣的是，航天员对它们轻轻地吹了一口气，结果最下面的弹子竟然飘起来了，并且又被最上面的弹子吸住，最后变成了一个封闭的弹子环，就像项链那样，多有趣啊！

宇航员在太空玩弹子，难道只是为了休闲和娱乐吗？不，他们是在太空中做科学实验哩。这个弹子游戏，就是为了实验在太空中的重力和磁力变化。实验证明，在太空中重力确实很微小，但磁力却没有变化。

在太空中玩玩具，既给宇航员带来乐趣，也验证了科学，又引人深思。难怪当时的美国总统也通过电视在看这些太空游戏，他特别向宇航员致词说："我已经看到了你们在无重力的太空中，玩小球、抓子等玩具。现在，我明白了，你们正在为学生学习物理定律制作录像带，这的确是一件关于我们太空计划的大好事。它会给我们的年轻人以启迪和激励。"

的确是这样，作为太空玩具的弹子，将为人类的玩具事业发展开拓一条宽广和全新的道路。

21　从"绊马索"引发的耍子——跳绳

◇ ·················

阻碍骑兵的"绊马索"

明朝兰陵笑笑生作的《金瓶梅词话》一书，讲的是明朝的故事。书中讲到妇女玩乐时，有这样一段情景："只见吴月娘、孟玉楼、潘金莲并西门大姐四个，在前庭天井内月下跳马索儿耍子。"这四个女人玩的"跳马索"是什么"耍子"呢？原来这就是今天说的"跳绳"。

跳绳为什么叫"跳马索"呢？这要从古代的战争说起。骑兵是古时作战的主力，为了阻碍骑兵的通过，往往要在马路上横一根绳索，以绊住马脚，达到人仰马翻的目的。

战争过后，人们或许会拿绊马索自己跳着玩，看能不能绊住自己。玩着玩着，技艺不断提高，不但能跳过去，还能玩出新花样，于是演变成了跳绳游戏。

但是，在更早的古代，这种游戏既不叫"跳绳"，也不叫"跳马索"。在唐朝时，称作"透索"或"踏索"，也许是因为玩的时候，能"穿透"索子和"踏过"索子吧。

明朝时，还有将"跳马索"称作"跳百索"的。为什么叫

"百索"呢？明人沈榜在《宛署杂记》中说："儿以一绳长丈许，两儿对牵，飞摆不定，令难凝视，似乎百索，其实一也。"原来，是因为索子飞摆不定，看着似乎不是一根索，而是有一百根索在摆动似的。

明代万历百子衣刺绣纹样中的跳绳图

该书中还记述了跳百索的玩法："群儿乘其动时，轮跳其上，以能过者为胜，否则为索所绊，听掌绳者绳击为罚。"

在明朝时，"百索"还叫"白索"。明末崇祯年间，刘侗、于奕正著的《帝京景物略》的"灯市"卷中说："二童子引索略地，如白光轮；一童子跳光中，曰跳白索。"原来，是因为跳百索时，由两个童子摇着索划圈，转得快时，像个白色光轮。跳索的童子在光轮中跳着，就好像跳白索一样。

唱"高末"的来历

古时跳绳，不只是一种动作游戏，而且还要边跳边唱，成为一种童戏。

有一种唱词十分奇怪，就是边跳边唱"高末"。南北朝时的

《北齐书》"后主纪"卷中写道:"游童戏者,好以两手持绳,拂地而却上,跳且唱曰'高末'。"

在跳绳时,跳者会边跳边唱,这是很正常的娱乐。可是为什么要唱"高末"二字。这"高末"二字又是什么意思呢?

原来,这里有一个典故。"高"指北齐幼主高恒。"末"指他的"末"日到了。

高恒于公元577年即位。由于此人不管国事,整天过着骄奢淫逸的生活,于是很快就国破人亡了。后人为了批评高恒,以此为戒,就用"高末"来说明"北齐高恒离亡国的末日不远了"。于是,"高末"成了历史的警句。

这种用警句来预兆祸事的方式,成了古时的一种习俗。它常常渗透到人们的日常生活中,连儿童活动中,也渗进了,并引到了"童谣"中。这警句引进童谣,就很快进入了儿童玩乐中,"跳绳"这种玩乐自然而然地跟进了。孩子们在跳绳时,高唱"高末"未必懂得这个典故细节,但唱多了一定会追问其意义的。也可以说,这是教育对儿童的一种潜移默化的方式吧。

元宵节的节庆活动

在明清两代,元宵佳节时跳绳,是一项重要的节庆活动。这时的跳绳不只是儿童的自娱自乐的活动,而是节庆时大型娱乐中的一个不可或缺的插曲。在活动时,跳绳要配上太平鼓,又跳又配乐,十分热闹。

清道光年间,彭蕴章作的《幽州土风吟·太平鼓》中,就有这样的鼓词:

> 太平鼓,声冬冬,白光如轮舞索童。
> 一童舞索一童唱,一童跳入光轮中。

这与《帝京景物略·灯市》中说的内容相同。意思是在太平鼓声中,跳绳童子有的摇绳,有的跳绳,有的唱歌,真是热闹极了。这里的白光、光轮都是指绳索摇动时,产生的幻象。

除了用太平鼓伴跳外,有时还要加上锣、鼓、铙来助威。在

《帝京景物略·灯市》中，就有"铙鼓殷阗赛跳绳"的诗句。"殷阗"是"充满"的意思，就是说，在元宵灯市上，铙鼓声充满闹市，使得跳绳比赛也更热闹了。

清代元宵的跳绳活动更加多彩，不但有太平鼓伴歌，还要烧薪火。在《燕台口号一百首》中，有一首是：

> 轮跳白索闹城阇，元夕烧香柏作薪。
>
> 络索连环声响应，太平鼓打送年人。

诗中的"白索"和"络索"都是指跳绳。阇是指城门。就是说，元宵夜里又烧薪火、又打太平鼓、又跳绳，使整个城门都热闹起来了。也就是全城都在这种欢乐气氛中告别旧年，这是多么好玩啊！

花式跳绳

跳绳这一项古老的耍子，如今没有像竹马那样消失，这是一件十分值得庆幸的事。这说明，这种玩乐具有生命力和活力。

拿跳绳本身来说，它的跳法就十分丰富。以人数说，有单跳，即自个儿摇绳自个儿跳；有双跳，即两人摇一根绳子，双人并跳；有多人跳，即两人摇绳，一人或多人跳。

从跳绳的技法来说，更是五花八门，各有千秋。比如说，平常多用双脚同时跳，但也可单脚跳。双脚跳除双脚同时跳外，还可以双脚一前一后踏步跳。甚至可以在绳中翻跟头、空中劈叉跳等。

从摇绳的方式来说，有前甩、后甩、交叉甩、八字形摇花甩等。还可以多甩一跳，比如双甩一跳、三甩一跳等。

如今，跳绳还列入群众体育运动项目之中。因为跳绳不光是一种娱乐活动，而且是一项有益健康的体育锻炼方式。

更有意思的是，跳绳还进入了杂技艺术中，成为一项十分精彩的表演节目。比如有的杂技中，可以边跳绳、边玩空竹。这既有手中的绝技，同时又有脚下的绝技。还有踩高跷跳绳的，更是惊险刺激。

跳绳这项娱乐奇葩，已经结出了新果！

22　倒掖气的玻璃喇叭——扑扑噔

◇………………

琉璃厂里出玻璃

琉璃厂是北京一条古老的文化街，后来在这里发展出来一个著名的庙会——厂甸庙会。过去，庙会上会卖一种琉璃响葫芦，这是一种大人和孩子都喜欢的玩具。

玻璃在过去就叫"琉璃"。这玻璃响葫芦就出自琉璃厂。琉璃厂历史十分悠久，早在元朝时，就在这里开设了制造琉璃的琉璃窑。皇宫建筑里的琉璃构件，都是这里的琉璃窑烧出来的。

后来，琉璃窑迁到郊外，这里就慢慢演变成一条卖书画的街。

宫廷建筑用的琉璃瓦是半透明的，而玻璃则是透明的。明代以来，琉璃厂里除生产琉璃瓦外，又开始生产玻璃制品，如鱼缸、玻璃葫芦和响葫芦等。

这玻璃葫芦不能发声，只能作摆设用。而响葫芦则是一种外形像葫芦的发声器，可以吹着玩。

用玻璃制作的发声玩具"响葫芦"，大约有两种类型。一种是喇叭形，有出口，叫玻璃喇叭，另一种很像葫芦，无出口，叫"扑扑噔"，又叫"倒掖器""倒掖气"。

玻璃小唢呐

　　玻璃喇叭外形像唢呐。唢呐这种乐器大家都见过，在民间喜庆节日里，大都要吹唢呐。如今正式的民乐演奏中，也缺不了唢呐。

　　但是，我们司空见惯的唢呐，据说原产于波斯、阿拉伯一带。"唢呐"这个词，就是波斯文 Surna 的译音。

　　过去的唢呐有用木头制作的，但现在常见的乐器唢呐则是用铜制作的。而用玻璃来制作唢呐，这就是北京琉璃厂的首创了。

明代百子刺绣纹样中的吹喇叭图

　　北京琉璃厂制作的玻璃唢呐，一般称作"玻璃喇叭"。这种喇叭从明代以来，直至民国时期，一直盛行于北京。后来山东淄博、江苏南京、湖北武汉和天津等地也有生产。

　　从明代一种刺绣纹样《云龙百子》图中，可以看到玻璃喇叭的形状。它十分长，大约有半个小孩高度那么长。它有一个细细的长管，下面开一个漏斗状的口。

　　清代出版的《北京民间风俗百图》中，就有《卖琉璃喇叭图》。其中说明曰："其人用碎玻璃熔化，吹成喇叭。"

清代吹玻璃喇叭图

玻璃喇叭两头都有口。入口小，出口大。入口又有两种。一种口圆，吹出的声音高亢；一种口扁，吹出的声音小，不用力难以吹出声音来。

有一位叫释元璟的诗人，写过一首"琉璃长诗"，其中有如下诗句：

五色琉璃制最工，担来市上诱儿童。

本朝法驭绍珰善，厂甸东西有绪风。

诗中说的是卖玻璃喇叭的卖货郎，在琉璃厂东西两街叫卖，引诱儿童购买的情景。

确实，玻璃喇叭制作工艺精巧，又可以制成彩色的，十分美丽，又能吹，多么吸引儿童啊！

"儿童口插响葫芦"

要说北京琉璃厂厂甸庙会里的玻璃响器，最吸引人的还不是玻璃喇叭，而是"扑扑噔"。

清朝沈丙莹写的《春星草堂集》中，有一首《都门新年词》：

> 琉璃厂里琉璃器，盛得鱼苗血色朱。
>
> 又听街头声喷喷，儿童口插响葫芦。

诗中说的盛鱼苗的器具，是鱼缸。而"响葫芦"就是指"扑扑噔"。

扑扑噔

扑扑噔外形像葫芦，赤色居多。它有一个长柄和一个葫芦状底。奇怪的是，它除了有一个小小的入口外，竟没有出口。葫芦底是封闭的，是一层薄薄的玻璃膜。

吹扑扑噔正如诗中所说，是用口插入口中。但不能总是吹气，而是要不断吹气和吸气，以引起底部玻璃薄膜的抖动，发出"扑扑"声，所以人们把这种玩具叫"扑扑噔"。也有人说它发出的是"鼓珰"声，又叫它"鼓珰"。

明代出版的《帝京景物略》中说，在琉璃厂，"别有衔而嘘吸者，大声喷喷，小声嗦嗦，曰倒掖气"。这里说的也是扑扑噔，吹它时必须"衔而嘘吸"，不管大声小声，必须要边吹边吸，使吹出的气又从入口吸出来，就像往葫芦里倒着掖气，所以又叫它"倒掖气"，或"倒掖器"。

关于扑扑噔的发声原理，《帝京景物略》中还引用了明代刘侗写的一首诗歌：

> 倒掖器，如瓯落阶瓶倒水。
>
> 匀匀呼吸吹薄纸，吸少呼多脱瓶底。
>
> 藏爹钱瞒爹眼里，迷糊琉璃厂甸子。
>
> 儿迷糊，倒掖器，爹着汗，嬷着泪。

这首诗写得十分风趣。把玩扑扑噔的"吸少呼多"比作"藏爹钱瞒爹眼",儿子被倒掀器迷住,老子为倒掀器流汗。

现在,由于玻璃易碎,儿童不小心吹扑扑噔会把玻璃吹破,将碎玻璃吸进肺里,不安全。所以,这种玩具已经不生产了。小孩不会再为它着魔,父母也不必为此担心了。

23　孩子身边的小银行——扑满

◇ ················

"满则破之"

扑满，就是现今孩子们玩的储钱罐。为什么把储钱罐叫"扑满"呢？

原来，古时的储钱罐是一种陶土做的瓦器，钱满就要打破它。这种瓦罐早在汉朝时就有了。晋朝葛洪在他写的《西安杂记》中，记录了西汉时许多逸闻趣事。其中指出："扑满者，以土为器，以蓄钱；具有人窍而无出窍，满则扑之。"因为扑满只有入口而无出口，当钱储满时，要取出其中的钱币，就必须扑它，也就是打破它。

古时没有银行，只好把钱放在家里。若放在家里，得有一个固定的地方。于是，就得有一种放钱的东西。由于古时的钱为金属币，所以选择放在结实的瓦罐里。

中国人自古就有节俭的传统，不乱花钱。平常把钱攒起来，急用时拿出来用。这样就有人设计了一种只有钱币入口，而没有钱币出口的瓦罐。而且入口设计得很窄，只能放进一枚钱币，这样，从入口倒出钱币来很是困难。

钱满了，又需要用，怎么办？只好打破它。也许有点可惜，但由于瓦罐很便宜，所以并不在乎。

现在，"扑满"这个名称已经很少有人知道了，取而代之的是储钱罐。现在的储钱罐很少有陶瓷制的，大都设计了巧妙的出口。所以，要取钱出来未必一定要打破它。但"扑满"这个名称，我们还不能忘却它，因为它在古时还有特别的警示意义。

不要聚敛无度

"扑满"的警示意义是什么呢？这里有一个典故。

西汉菑川（今山东寿光）有一个叫公孙弘的人，他出身于贫寒的布衣家庭，年轻时当过狱吏。后来，他攻读文法吏治，被汉武帝任命为丞相。

在他上任时，乡亲们送他三件东西：一束生刍、一卷丝、一个扑满。

这是什么意思呢？《诗经·小雅·白驹》篇对此作了解释。

生刍就是青草。《诗经》中说："生刍一束，其人如玉。"这就是说，乡亲们送他生刍，是希望他"守身如玉"。

至于丝呢？一根也许没什么用，但是"丝积之为绳"，一卷丝就可以制成绳索。乡亲们是希望他"不以小而不为"，从小事着手，干好大事情。

再说扑满，因为"满则破之"，所以乡亲们希望他不要聚敛无度，做个清官。

这个典故后来被广为利用，作为人生警句。在新疆吐鲁番阿斯塔那一个盛唐时期的墓穴中，发现六幅壁画。其中中间的四幅画的是四个有德操的人。左右两幅则画有四种东西：一个扑满、一捆草、一卷丝、一个欹器。这前三件东西的警示意义，上面讲了，最后一个欹器的警示意义在后面讲"公道杯"一节中会详述，是警示人们不自满的意思。

形形色色的储钱罐

储钱罐从早期的纯储蓄功能，发展到后来，由于质地改进、造型多样，慢慢演变成了孩子们的玩具。

据有关资料记载，在 1860 年之前，扑满大都是静态的。也就是说，没有出口，存入罐中的钱币是静态的，要动用，就只有打破它这一条路。而且要容易打破，故扑满的材料以陶质或瓷质为宜。后来，发展成木质、铁质、塑料质地等，就不好打破它了。

当然，静态的扑满也不是没有变化。最早的扑满就是普通的罐子形。到后来，为了迎合儿童的情趣，就有了人物形、水果形、动物形、房子形等多种造型了。

有一种 19 世纪末生产的水果形扑满，有苹果、梨、橘子、桃子、西瓜等造型，由于是用红土烧成，十分容易破裂，目前存世很少，很有收藏价值。

19 世纪生产的水果形扑满

20 世纪 60 年代后期至 70 年代初期，香港一家银行为了奖励储户，赠予储户一种狮子造型的玩具储钱罐，也十分珍贵，市值竟达 1000 港元。

从 1860 年到 1935 年期间，欧美各国开始并陆续制造出机械式储钱罐。由于它已改用铜皮、铁皮制作，所以人们都改叫它为"存钱盒"或"存钱箱"了。

发财树存钱罐

　　比较招孩子喜欢的是一些有故事内容的机械存钱盒。比如 19
世纪末一款"威廉退尔射苹果"存钱盒。它由美国 STEVENS 玩具
厂制造。它的题材取自一名战士射苹果的故事。存钱盒由战士威廉
退尔和钱盒组成。只要把一枚硬币放到战士举起的步枪瞄准器旁，
战士就会把硬币射向对面钱盒上的一个苹果。苹果被射下，硬币就
会落入钱盒。

　　类似的存钱盒还有"女孩跳绳存钱盒""狗跳套圈存钱
盒"等。

　　西方经济危机时，出现了一种"发财树存钱罐"。它外形像一
盆树，树上还有象征钱的美元符号"＄"。当你向罐内投入一角硬
币时，树就会长高，象征发财。

　　有些存钱盒还会搭配糖果出售。比如 20 世纪香港嘉德公司生
产了一种红色邮筒形存钱盒，它既可以存钱，也可以存糖果。这样
就更受孩子的欢迎了。

20 世纪香港嘉德公司生产的邮筒形存钱盒还可装糖果

现代存钱盒大多用塑料制作，这样的存钱盒价格比较便宜，造型也比较丰富。比如米老鼠造型和大熊猫造型存钱盒，既能存钱，也能体现各国的文化。

由于现代作为钱币的硬币已经不是主要币种了，所以用来存硬币的存钱罐，基本在市面消失了，取而代之的是存折了。

不过，作为玩具的存钱盒还在以其他形式出现在孩子们的生活中。比如有一种魔术存钱盒，它在存钱盒子里，巧妙地安置了一面镜子。在盒子前，则是透明的玻璃。当你从盒子上方，向盒里投入一枚硬币后，从盒前的玻璃看进去，明明投下了一枚硬币，却不见了。这是因为镜子的反射作用，把硬币"反射"掉了。这种存钱盒，真正是一种有趣的光学玩具了。

世界玩具评估机构公布的2012年"最佳绿色玩具名单"中，有一种"两只小鸟银行"，原来那也是一种类似扑满的玩具。古老的扑满已经"复出"了！让我们珍视这种绿色的"原生态"银行吧！

24　玩于指掌之间的傀儡——木偶

◇ ⋯⋯⋯⋯⋯

偃师的歌舞偶人

前面提到，世界权威的玩具评估机构"美国玩具博士"，公布了 2012 年"最佳绿色玩具名单"。其中第一名是"手套娃娃"，第三名是前面讲过的"两只小鸟银行"。

"手套娃娃"类似我国的手指傀儡。傀儡我国俗称木偶。手指傀儡是我国傀儡艺术的一种，也是儿童十分喜欢的玩具之一。

傀儡艺术在我国的历史十分悠久。《史记·殷本记》说："商帝武乙无道，为偶人，谓之天神。"意思是，商帝时就有人制作偶人来作为天神的替身。当时的偶人称为"俑"，送葬用。西安秦兵马俑中的俑就是这类偶人。

到唐宋时，开始出现偶人戏，就是用偶人表演。这类表演最早是用于丧事，就是在送葬时用傀儡进行驱鬼活动，这叫"丧家乐"。

真正作为娱乐活动的木偶，大约起源于周朝。魏晋时代的《列子·汤问》一书中，讲了一个偃师造木偶人差点被周穆王杀死的故事。

周穆王在西巡途中，为讨周穆王欢心，有个偃师向周穆王敬献了一个会歌舞的偶人。偶人表演十分逼真，它的眼神直冲周穆王的姬妾。周穆王以为是在勾引爱妾，竟下令处死偃师。偃师赶紧把偶人剖开，表示这完全是个人造的傀儡，周穆王才息怒，而且感叹："人之巧乃可与造化者同功乎？"

由此可见，我国的傀儡技艺，在三千年前，就达到相当高超的程度了。

婴戏中的线索傀儡

周朝的偃师偶人是一种用机关操作的傀儡，到底机关在哪儿？是什么机关？没有详细记载，也许这仅仅是一个传说。

而真正能操作的木偶，大约在汉朝出现了。操作的方式很多，其中最普遍的是用线索拉动。就是在木偶上装上线绳，然后用人手操纵线头，让木偶做动作。1979 年，在山东省莱西县的西汉墓中，出土了一个木俑。木俑的关节处钻有小孔，这就是穿操纵线用的。由此可见，汉朝时确实有了线索木偶。

到唐宋时代，线索木偶技艺达到高峰。唐代《明皇杂录》中有一首《傀儡吟》：

> 刻木牵线作老翁，鸡皮鹤发与真同。
> 须臾弄罢寂无事，还似人生一梦中。

诗中说，那时的牵线木偶老翁"鸡皮鹤发"，和真人一样。用线摆弄它一会儿，就像梦见了人的一生。这是多么逼真而生动的人偶啊。

大约是在宋朝，木偶开始从技艺演出，普及到大众娱乐中，而且成了儿童的玩具。

宋朝苏汉臣所写的《百子嬉春图》中，就有两处描绘了儿童玩牵线木偶的图像。其中一处是一个孩子利用台阶作舞台，表演玩偶跳舞；另一处是在人群中即席表演。

明朝叶玄卿所制的墨上，也刻有《百子图》。其中也画有儿童用牵线木偶表演的情景。有意思的是，表演时还有小孩在旁边击锣伴乐。

明代百子刺绣纹样中的牵线木偶

　　儿童玩牵线木偶，有时还十分正式，还有专门的牵线戏台哩。南宋刘嵩年画的《傀儡婴戏图》中，就有在戏台表演牵线木偶戏的场面。其中有表演用戏棚子，棚子下方是木偶演出，后方是候场木偶，前方有鼓、镲伴乐。真是热闹极了。

百戏手掌中

　　上面提到的手指傀儡俗称布袋戏或掌中戏，就是用手指或用布袋套在手指上表演戏剧。这种玩偶在我国也有着悠久的历史。

　　晋代王嘉撰写的《拾遗记》中记载，在周成王时，"南陲之南，有扶娄之国，其人善机巧变化……于掌中备百戏之乐，宛转屈曲于指间，人形或长数分，或复数寸，神怪倏忽……乐府皆传此伎"。由此可见，远在三千年前，就有用手掌表演百戏的娱乐。小小的人物在手指间婉转屈曲地表演，真是机巧得很啊！

　　手指傀儡的操作手法很多，上面说过，有一种是直接用手指操纵玩偶的躯干，这类又叫掌中戏；另一类是在玩偶下套一个布袋，用手操纵布袋，再用布袋去操纵玩偶，这类也叫布袋戏。

　　掌中戏的产生，有一个故事。据说在明代嘉靖年间，福建泉州秀才梁炳麟去福州参加会试。考试前，特地到仙公庙去占卜，问能否考上。晚上，他梦见仙公在他手上写了"功名手掌中"五个字。他以为这是预示他这次考试"易如反掌"，一定会中。可是却落榜了。后来，他看到街上有牵线木偶演出，想起"功名手掌中"五个字，悟出仙人是叫他用灵巧的手掌去成就功名。于是，他将牵线木偶改造为掌中玩偶，这就有了"掌中戏"。

还有一种杖头傀儡，虽然不是套在手上，而是用棍子举起来，也可以用手来操作。在明代百子刺绣纹样中，就有这样的傀儡。

明代百子刺绣纹样中的杖头傀儡

布袋戏主要流传在福建、台湾一带。布袋戏现在已经发展成一种十分流行的民间戏种，不仅风行福建、台湾，而且风行国外。

1962年，著名文人郭沫若在看完布袋戏演出后，题《西江月》一词加以赞扬：

创造偶人世界，指头灵活十分，

飞禽走兽有表情，何况旦生丑净。

解放以来出国，而今欧美知名，

奖章金质有定评，精上再求精进。

平面傀儡戏

我国还有一种特殊的傀儡戏，就是皮影。皮影中的"人物"都是平面的，用皮革制成，所以被人称作"平面傀儡"。

皮影戏是利用光线把皮革中的"人物"投影在幕布上，供人观看。所以，又有人称它为"土电影"。

皮影戏的起源可以追溯到远古洞穴时代。那时，人们在洞穴中取火，会把手影投射到洞壁上，这就产生了手影戏。到宋代时，开始用皮革代表人手，用皮影代替手影。

宋朝张耒在《续明道杂志》中说，京师有富家子弟好看影戏。书中还提到，戏中有三国时斩关羽内容，往往看后令人泪下。

到明清时代，皮影戏已相当流行，并深受孩子们欢迎。《东京梦华录》中提到：每当正月十六日，就会在街巷演出皮影戏。由于戏棚繁多，为了防止小儿看戏时走失，还要专设小影戏棚供他们观看。

如今，皮影戏已经作为我国一项非物质文化遗产，加以保护和发扬。皮影戏不仅成为少年儿童十分喜欢看的一种文娱形式，而且皮影还是他们十分喜爱玩的玩物。

25　　　铜盘上演出的小戏——鬃人

◇ ⋯⋯⋯⋯⋯

"铜茶盘子小戏出"

北京是京戏的故乡之一，过去，你可以在大舞台上，看到京戏四大名旦的表演；现在，你可以在各种剧场甚至公园里，欣赏名角、名票的京剧演唱。更令你想不到的是，你还可以在一个小小的铜茶盘子上，观看小小的京戏演出。这小小的演出者就是北京特有的玩具"鬃人"。

什么是鬃人？

著名作家冰心在《我到了北京》一文中，对它有过清楚的描述："这是一种纸糊的戏装小人，最精彩的是武将，头上插着翎毛，背后扎着四面小旗，全副盔甲，衣袍底下却是一圈鬃子。这些戏装小人都放在一个大铜盘上，耍的人一敲那铜盘子，个个鬃人都旋转起来，刀来枪往，煞是好看。"

冰心看到的只是最精彩的一种鬃人：京戏武将。其实，鬃人多种多样，有文将、武将、孙悟空等众多形象。关键是，它们衣袍底下不是足，而是一圈鬃子。

著名戏剧艺术家翁偶虹在《北京旧话》中，更详细地说明了鬃

鬃人

人名称的来历：剧中人，都没有脚，靠、褶、蟒、岐以下，整整齐齐地粘牢一圈猪鬃，名为"鬃人儿"。把这种鬃人儿放在铜茶盘内，以棍击盘，利用铜盘的颤力，使盘内的鬃人儿团团乱转。鬃人的两只胳膊，又是铁丝贯穿，可以上下左右挥动。想象地看看，是仿佛台上的活人大戏。这种工艺品，老北京人习惯地叫作"铜茶盘上小戏出"，而真正原名却是"鬃人儿"。当然，鬃人儿之转动于盘，并不符合舞台演戏的规律，充其量只能算是儿童的玩具。

这里指出鬃人因为不能按真正的京戏人物那样有规律活动，所以说它"只能算是儿童的玩具"。这就道出了这种玩意儿的本质了。

转动的秘密

鬃人的基本外形，就是小小的京戏人物造型，和一般的纸人、绢人差不多。

它的身体构造是，在一个泥座上插上秸秆或竹竿，裹上棉花，然后在外面穿上外衣。外衣过去多用纸做，比较便宜。后改用绢，更显高雅。

头部用泥彩塑而成。手上扎有钢丝，可活动。

由于底下有泥座，重心下落，于是就像不倒翁那样，不会倾倒。

关键是在衣袍底下，具体到不同人物，则着衣不同。但不管是靠、褶、蟒、帔，它们之下，必藏着一圈猪鬃，这是鬃人转动的必备之物。

猪鬃就是比较硬的猪毛。过去有猪毛做的刷子，大家用的时候，会体会到猪毛有很好的弹性。将它竖立在铜盘上，铜盘上下振动，就会引起猪毛的弹动。原来，这猪毛弹动之源在于铜盘的振动；而铜盘振动之源，则在于用棍棒敲打盘沿。

那么，鬃人为什么会转起来呢？这就在于鬃毛的配置了。这可是制作鬃人成功的关键技术。仔细观察这圈鬃毛，你会发现，它们并不是整整齐齐的，而是有长、有短、有直、有斜。倾斜的方向也是很有讲究的，方向不同，将来转动方向也会不同。

再说表演时敲打铜盘的技巧。敲打力度、方位、节奏不同，鬃人转动方向、快慢、路线也不同。翁偶虹先生说"鬃人团团乱转"，恐怕并非如此，这只能是乱敲打时的结果。

真正会耍的人，是有规律地敲打铜盘的。打得重点或快点，转得会快。这是因为铜盘振动快，引起鬃毛振动也快。打击方位不同，鬃毛振动方向就不同，引起鬃人转动方向也不同。

这就说明一个道理：玩鬃人的原理，是很简单的物理上的力学理论；但玩鬃人的成功与否，则在于如何把物理上的力学原理熟能生巧地用在具体的操作上。用得好，则正如冰心女士所言"煞是好看"；用得不好，则如翁偶虹先生所言"团团乱转"。这个道理，不只适用在玩鬃人上，也适用于其他活动中。

民间艺术之光

鬃人是怎样发明出来的？目前还没有具体的考证。但有一点则可以肯定，鬃人当是在纸人、绢人的基础上发展起来的。北京是纸花、绢花发源地之一，早在元朝定都北京时，就有这种手工艺出现。到清朝，制作更为精致，还在巴拿马万国博览会上得过奖。

鬃人

后来，有人想把纸人、绢人变成能活动的。想到的活动方式很多，利用弹力是一种选择，于是想到了猪鬃。

最早记录鬃人的文字资料是出自《琉璃厂小记》。其中提到大约是在清末、民国时期，在北京琉璃厂文化街的"都一斋"文玩店，开始有鬃人出售。

"都一斋"的店主叫王春佩，他可能是鬃人的首创者之一。这家店到20世纪40年代中期还在营业。甚至当时有美国艺术家被该店的鬃人所吸引，有意请店主王春佩带着鬃人去美国展出。

后来王春佩将制鬃人手艺传给儿子王汉卿。但王汉卿没有继承下去。

另一种说法是，北京阜成门外有一个号称"海爷"的京戏票友，十分喜欢京戏。他平时好用纸制作京戏中的人物，即纸人。后来，这人嗓子哑了，唱不了戏，就专门制作纸人。再后来，又将纸人改进成了鬃人。此人制作的鬃人在抗战前曾在一次铁路展中展出。一位意大利人看中并买去，在意大利博物馆中展出，引起轰动。后来，又到法国展出，巴黎人看后十分惊叹，纷纷买去，以在家中摆设为时尚。

　　现在，继承并发扬这门技艺的是一位叫白大成的鬃人爱好者，他向王汉卿学习，终于将制作鬃人的技艺继承下来，并发扬光大。

　　如今，白大成制作的鬃人已经成为北京一项可贵的非物质文化遗产。他的作品不仅名震京城，而且远播海外。白大成带着他制作的鬃人先后应邀到法国、以色列等国展演，成为中国文化艺术的代表之一。

26 模型世界"三剑客"
——航模、船模、车模

◇ ···················

惊动美国五角大楼的玩具

导弹核潜艇是一种可以在深海里，向海面上空敌方目标发射导弹的水下舰艇。这是美国在 20 世纪 50 年代开发的新武器。

号称"核潜艇之父"的人，是美国海军中将海曼·里科弗。是他领导研制出了世界上第一艘核动力潜艇。可是，就在这艘潜艇还在保密之际，竟然提前泄密了。

1960 年 4 月，海曼·里科弗在美国国会发言说，市面上出现了一种核潜艇玩具，玩具商公开宣称：这是严格按美国海军的蓝图，照 300:1 的比例而制造的美国第一艘导弹核潜艇模型。资料由美国通用动力公司提供。

海曼·里科弗警告说："这个售价仅 2.98 美元的玩具，揭露了价值高达千百万美元的情报。因为潜艇模型内部设备齐全，包括核反应堆、控制室、两枚北极星式导弹。在装备反应堆的舱面大小方面和操纵水手人数方面，数据也非常准确。只要玩模型一个小时，就可以获得真潜艇的全部情报。"

一个玩具竟泄漏了美国国防部（五角大楼）最机密的情报！多么危险啊！

真是祸不单行，20世纪80年代，也就是在这艘船模玩具泄密后二十多年，另一种模型玩具又出了事。这回出事的是航模。

1986年7月，美国市场上又冒出了一种样子奇异的玩具飞机模型。这回玩具商打出的广告是：这是美国正在研制的绝密隐身战斗机F19的模型。

这个广告一出，立即引起了一股抢购风。一般人抢购是为了好奇，而有一些人抢购则是为了探测美国的最新军事情报。

这个玩具模型和广告很快惊动了美国国防部，五角大楼煞有介事地发表声明，断然否定广告的说法。但是，给美国国防部当头一棒的是：这一年7月11日，也就是玩具面市后没几天，美国一架飞机失事了，新闻界透露说，这架出事的飞机就是美国正在研制的F19隐身飞机。后来证实，这架飞机确定是隐身飞机，只不过后来公开的名字改为F117。1988年，美国正式公开了F117照片，人们发现，它的外形竟真的和两年前面市的玩具飞机一样。

那么，是真的泄密了吗？其实并不是这样。以上两个事件的发生，都是玩具商为了促销而做的不真实广告。那么，为什么玩具和真家伙如此相像呢？其原因是，核潜艇和隐身飞机的原理并不是保密的，这是公开的科研成果。而具体构造，则是玩具商请制造者根据公开资料，做了合理的想象而确定的。所以，最后推出来的玩具和真东西恰巧相像。

从以上风波也可以看出，玩具是多么的有意思，它上可以引起国家高端人士的注意，下可以引起普通百姓和少年儿童的兴趣。

模型"三剑客"之一：航模

在模型玩具的世界里，有三种模型是人们最感兴趣的，那就是航空模型、舰船模型、车辆模型。它们号称模型世界"三剑客"。

在"三剑客"中，最普及的要算航空模型，简称"航模"，也叫"玩具飞机"。

　　玩具飞机既是一种古老的玩具，又是一种现代的玩具。说它古老，是因为在真正的飞机发明之前，人类就造出了各种飞行器模型；说它现代，是因为只要一架新飞机问世，就会有仿真的模型跟进。甚至正如上面的事件所揭示的，还不等新飞机问世，就有对它的想象玩具出现。

　　早在两千年前，我国古代能工巧匠墨子和鲁班就制造出了竹鹊和木鸢，这是人类最早的仿鸟形滑翔机模型。

　　1800 年前的东汉时代，科学家张衡研制出了有机关的木鸟，这可以说是最早的飞机模型。

　　飞机模型在古时，是人类探索飞行理想的一种尝试；在现代，则既是一种玩具，也是一种科学研究的工具。

　　在第一架飞机发明前，美国莱特兄弟曾制造出了这架飞机的小模型，将它放到"风洞"里去"吹风"，以模仿真飞机在空中飞行的情况。模拟成功后，才得以于 1903 年使世界上第一架飞机试飞成功。

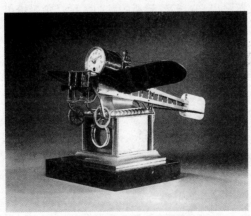

1910 年法国造带时钟的玩具飞机

　　随着飞机的发明成功，作为航空体育运动的各种航空飞行器模型也诞生了。1920 年，世界上最早的模型滑翔机比赛举行。随后，作为航空模型的弹射、手掷和牵引式滑翔机模型，线操纵飞机模型，橡筋动力和发动机动力的飞机模型相继出现。

　　对一般青少年来说，普及型玩具飞机模型也是五花八门的，纸折的、木制的、塑料的，品种繁多。

　　20世纪初，德国玩具厂开始制造具有收藏价值的莱特式双翼飞机仿真原大模型。现在，仿真飞机已经进入各博物馆，供大众参观。在美国华盛顿国家航空航天博物馆和北京航空博物馆都收藏有这种仿真飞机模型。

模型"三剑客"之二：船模

　　作为玩具的模型船，其历史远比模型飞机悠久。

　　1974年，我国湖北省江陵发掘的西汉墓中，就出土过木船模型。船上还有五个小人在划桨哩！

　　在古希腊的科林斯，出土过一艘公元前7世纪造的战舰模型。

　　在古代，船模到底是做什么用的呢？人们在想，不管它有什么别的未知的用途，但作为玩具必是其目的之一。

　　自产业革命以来，随着轮船的发明，玩具轮船也出现了。20世纪20年代，德国生产了一种"不来梅号"玩具船，它是一种用酒精作燃料的蒸汽船。这种"小火轮"曾风行一时，成为当时很时髦的玩具。这类玩具在我国20世纪40至50年代也很盛行。在香港苏富比拍卖会上，一艘玩具船曾以70000港币拍出。

警察快艇模型

现在，船模不仅是作为一种玩具，也列入体育运动项目中。这种船模类型有插件组装型、仿真构造型、水上比赛型等。

有意思的是，玩具船模还是科学家的研究对象。1958 年，我国有关方面决定研制核潜艇。但由于资料缺乏，研制遇到困难。当时，只有美、苏两个国家有核潜艇，可它们都对中国进行技术封锁。怎么办呢？当时，我国科研人员设法弄到了一种美国生产的核潜艇模型玩具。我国科研人员就从这艘玩具船开始研究，在这个基础上进行研制。到 1970 年年底，终于研制成功了我国第一艘核潜艇"长征 1 号"。

模型"三剑客"之三：车模

车辆模型，是比船模还要古老的交通工具模型。这是由于车辆发明的历史，比船舰要早得多。

相传我国夏朝就有了车子。在汉朝墓葬中，就出土过陶制的马车模型。南北朝的墓葬中，出土过陶牛车模型。明朝的云龙百子刺绣纹样中，则有小孩玩玩具车的情景。

明代百子刺绣纹样中的玩具车

世界文明古国，都很早就有了玩具车。在埃及亚历山大博物馆，至今还收藏着一台制于公元前 500 年的马车玩具。古罗马的花瓶上，也绘有玩具马车的图样。

自产业革命后，出现了汽车、火车这类动力机车。于是，玩具动力机车也随之大量出现。

有趣的是，玩具蒸汽火车比真正的蒸汽火车出现得还早哩！这是怎么回事呢？原来，火车的发明，除了机车本身外，还需要铁轨等许多附加设备。而玩具火车则可以在小铁轨上运行。在火车发明前几年，英国的特勒伏斯克就制造出第一个玩具蒸汽机车。而真正的火车"火箭号"，则是在 1829 年才由英国斯蒂芬森发明成功。到 19 世纪 40 年代，英国已经出现了好几家专门生产玩具火车的公司了。

1885 年，德国工程师本茨发明了世界上最早的内燃汽车，它宣告现代汽车的正式诞生。而老式玩具汽车则早在 1826 年就由德国纽伦堡 HESS 厂生产出来了。

现在，玩具汽车的收藏热和玩乐热，远比玩具火车热度高。一台 1960 年意大利 TOSCHI 厂生产的红色法拉利玩具老爷汽车，价值 20000 港元。

我国第一种轿车，叫"红旗"牌，它曾经是中国人的骄傲。如今，一种红旗牌轿车模型也在北京拍卖市场露面，而且引起玩具车收藏界的轰动。

而作为玩具的汽车模型，则已经成为许多大小"汽车迷"的追逐对象了。在汽车玩具店，车模品种十分繁多，有拼装式仿真车、比赛用跑车、遥控式车模等。有的商店，甚至设置了比赛跑道，用来刺激小车迷。也许你也是其中之一哩！

27 机器人时代的经典卡通——变形金刚

◇ ⋯⋯⋯⋯⋯

从"罗伯特"谈起

变形金刚是一种既时尚又经典的玩具,它实际上就是一种作为玩物的机器人。说它时尚,是因为它出现在高科技时代;说它经典,则因为它十分古典,这种玩具的雏形我国古代就有了。

前面说过,两千九百多年前的西周时代,巧匠偃师用木头为周穆王造了个会歌舞的偶人,即"伶人"。这个伶人就是原始的机器人,它肚内巧设了机关,所以手足都能活动。随着科学技术的发展,各种能活动的机械出现了。

到20世纪20年代,"机器人"这个名词出现了。1920年,捷克斯洛伐克剧作家卡雷尔·查培克写了一部科学幻想剧《罗沙姆的万能机器人》,主人公是一个叫"罗伯特"的机器人,由于它代替了工人的工作,使大批工人失业,于是,工人们把它捣毁了。

"罗伯特"是英文 Robot 的译音,由于这个剧本影响很大,于是 Robot 就成了现代机器人的代称。

早期的机器人只不过是一种自动机械,随着电子计算机的出现,用电子计算机武装的自动机械一代比一代先进,能代替人类干许许多多的工作。到 20 世纪 80 年代，有模有样的酷似人类的智能机器人终于出现了。

"变形金刚"的诞生

最早的机器人玩具只是形似机器人，就像泥娃娃和木偶一样，只不过带有铁甲或塑料外衣而已。

1983 年，日本 TAKAKA 公司将呆头呆脑的玩具机器人改造成有变形功能的机器人，机器人不但手脚可以活动，而且经过变形，可以变成另外一种形状。这种有变形功能的机器人玩具一上市，立即受到孩子们的欢迎。

美国孩之宝玩具公司从中闻到了商机，一眼相中了这款新玩具。该公司主动要求和日本 TAKAKA 公司合作，设计和生产出一系列以变形机器人为造型的玩具。

变形机器人玩具正式诞生了，但是它的辉煌却是在一部动画片《变形金刚》播出之后。

变形金刚

1984 年，一部名为《变形金刚》的动画片创作了出来，它的主角就是各种变形机器人。这些机器人化身为外星人、地球人，采用的是青少年热衷的科幻故事，演绎了一部外星人入侵地球、地球人反击外星侵略者的魔幻故事。这部动画片集科幻故事、战争故事、外星人故事于一体，刺激了当代青少年的神经。加上"正义"的地球人反击"非正义"的外星人的圆满结局，满足了人们的正义必胜的传统心态，使这部动画片大红特红，片中的机器人也深入人心。

更为可贵的是，片中的各个角色都能变形，它们时而变成汽车、时而变成大炮，令人叫绝不已。

还有，这部动画片赋予机器人一个叫得十分响亮的名字"金刚"，既符合角色的本质，又给人以阳刚之气，所以，变形金刚玩具一出现在市场，就火爆起来。它们既可以观赏，又可以把玩，还可以收藏，迷住了无数的爱好者。

20 世纪 80 年代，变形金刚动画片和玩具开始进入我国市场，玩变形金刚也在我国掀起一股热潮，甚至引起了一些青少年的迷恋。在当时，我国还引起了一场不小的争论。一些人认为，青少年沉迷在变形金刚的玩乐中，会影响他们的学业；另一些人则认为这种玩具能提高他们的动手能力、开发他们的智力。尽管如此，这些争论并不能阻挡众多变形金刚迷们对这种玩具的热捧。

金刚人物榜

2009 年，变形金刚开始从动画进入美国电影领域，成为好莱坞的电影大片。随着电影的鼓吹，变形金刚更是市场火爆。如今，变形金刚已经推出了多部续集，变形金刚人物更丰满，故事也更精彩了。变形金刚人物的玩具也成系列地在市场推进。

由于变形金刚人物众多，个个都拥有超凡的本领和不可思议的变形能力，所以要玩全或集全这些玩具是比较困难的。这里，我们只把主要的玩具人物加以介绍。

变形金刚人物大体分为两类：一类是正义一方的人物，另一类是反派人物。

正义一方的人物是汽车人，它们是地球人的化身，也是英雄的化身，代表坚持正义、捍卫和平的形象。

汽车人的首领是"擎天柱"。它的原形是 Peterbilt 汽车，变形后是一部红色卡车头。在早期出场时，它手中的武器是激光枪，后来改成炽热双刀。它的著名口号是："汽车人，出发！"

擎天柱的老友兼保镖是"铁皮"。它的外形粗犷，本性善良，原形是通用汽车公司生产的 GMC Topkick 4500 汽车。变形后是越野车 GMC（吉姆西）。它装有声呐和雷达，可以发射低温液态氮子弹和高温铅弹。

　　擎天柱手下还有一员大将"大黄蜂"。它虽然个子矮小，但机动、灵活，是优秀的侦察员。它头似黄蜂，变形后是一辆甲壳虫车，即"雪佛兰"。

　　反派阵营的人物为外星人，即外星侵略者，它们代表恶魔、战争，是侵略者的象征，号称"霸天虎"。

　　外星人"霸天虎"的首领是"威震天"。它老谋深算，火力强大，变形后先是大炮或手枪，后改为坦克。它的口号是："暴政才能带来和平！"

　　反派阵营的第二号人物是"红蜘蛛"。它狡猾、好战。变形后，是"猛禽"F－22喷气式歼击机。

　　以上仅是变形金刚的代表人物。现在，变形金刚不仅家族越来越大，而且出现了许多衍生品，如变形金刚造型手机、腕表、鼠标和音箱等。设计师将玩具功能融入实用品中，真是无孔不入。

"威震天"

三 动手动脑的益智玩具

01 代表中国的一张智慧名片——七巧板

◇ ············

狄仁杰智断失踪案

提起福尔摩斯，谁都知道他是世界鼎鼎有名的大侦探家。可是，你知道吗？我国唐代也有个断案高手，他就是号称"中国福尔摩斯"的狄仁杰。也许你不知道，他还用玩具断过案哩！这是什么玩具？原来，它就是大家熟悉的七巧板。

在中国生活多年的荷兰人高罗佩，在他写的《狄仁杰断案传奇》一书中讲到许多狄仁杰的断案故事。故事发生在唐代，狄仁杰被调到北方荒漠之地——北州去当官。可是他一上任，就发生了几起惊心动魄的案件。其中一起是当地富商之女廖小姐失踪案，另一起是著名武术大师蓝大魁被害案。

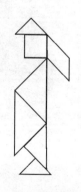

狄仁杰为官清正，又善断冤案。他派助手陶甘，到廖小姐失踪的地点去调查。得知廖小姐是在大街上看耍猴时失踪的。再一调查，还找到一位当时的目击者，那是一个哑巴小乞丐。

戴带兜尖顶帽的人

狄仁杰找来小哑巴，小哑巴不断比画着有一个人把廖小姐带走了，但是何人，哑巴有嘴说不出。巧的是，陶甘身上带了一副七巧板，他叫小哑巴用七巧板拼出那人的样子来。小哑巴还真拼出了一个人的形状。狄仁杰看了看这个人的形象，发现是一个戴着一顶奇怪帽子的人。这种帽子是本地人不戴的带兜的尖顶毡帽。戴这种帽子的人，多是鞑靼人。于是，通过这个线索，终于找到了劫走廖小姐的罪犯。

再说蓝大魁被害案。他是死在一个浴池里的。狄仁杰还是派陶甘去调查，发现蓝大魁临死前还在玩七巧板哩！原来，蓝大魁是一位玩七巧板的高手，陶甘和小哑巴乞丐都向他学过玩七巧板。陶甘发现，浴池的平台上留有一幅用七巧板尚未拼完的图形，图形只用了6块板，还有一块仍捏在蓝大魁手中。狄仁杰赶到现场，认定这个图形一定是凶手的形象。他想，蓝大魁临死之前，一定看到了凶手，所以用尽余力来拼这个凶手形象，可惜未拼完就死了。狄仁杰几经思索，将蓝大魁手中的一块板，补到平台上原来的图形上，竟然是一只猫的形象。狄仁杰眼前一亮，想起了一个外号叫"猫儿"的女人，这个女人叫陈宝珍，是个淫妇。于是，狄仁杰提审了陈宝珍，果真是她企图勾搭蓝大魁，被蓝大魁拒绝，于是毒死了蓝大魁。你看，七巧板不是狄仁杰手中绝妙的破案工具吗！

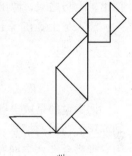

猫

从宴几到玩具

七巧板可以说是中国乃至世界最古老的益智玩具。它是怎样发明出来的呢？原来，它是由古代宴客的宴几演变出来的。

清朝《冷庐杂识》一书中说，宋朝人黄伯思设计了一种"燕几图"，古代"燕"和"宴"相通，原来燕几是一种宴客的茶几。这种燕几由7种长方形茶几拼合而成。它可以根据客人的地位和人数不同，拼出不同的形状，以便宴客。

后来，明朝人严澄鉴于燕几比较简单，只由长方形茶几拼成，拼出的形状有限，于是他发明出一种"蝶几"。蝶几由 13 种形状的茶几组成，其中有 7 种三角形和 6 种梯形，这样就可以拼出更多的图案，甚至可以拼出蝶翅般的图案，这就满足了更复杂的设宴摆席的要求。

到了清朝，就有人将燕几和蝶几这样实用的茶几缩小，改造成一种玩具。经过不断改造，最后定型为 7 块板，于是产生了"七巧板"玩具。

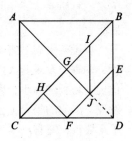

七巧板

清嘉庆癸酉年间（1813），有桑下客正式编著了《七巧图合璧》图谱。并在序言中指出，七巧之戏，源出勾股法。

清人吴士鉴在《七巧板》书中，还记录了一首宫词：

　　蕙质兰心并世无，垂髫曾记住姑苏。
　　谱成"六合同春"字，绝胜璇玑织景图。

词中说的是咸丰皇帝的母亲孝全后，她在宫中十分怀念在老家姑苏玩七巧板的情景。于是在新年时，拿起宫廷新年玩具七巧板，用它来拼合"六合同春"四个字。词中还说，这七巧板比起另一种游戏璇玑图更胜一筹。

代表中国的名片

大约从 18 世纪起，我国的七巧板就开始传到国外，先是传到日本、朝鲜，后又传到欧美各国。

没想到，小小的七巧板传到国外后，竟引起了轰动。英国科技史专家李约瑟在《中国科技史》一书中说："七巧板是东方最古老的娱乐工具。"据统计，自 18 世纪起，国外出版的七巧板图书不下几十种，记录它拼出的图案数以千计。

由于七巧板设计巧妙，拼图变化无穷，所以在国外还曾引发一股玩七巧板的热潮，连许多名人也沉迷其中。丹麦童话作家安徒生曾把七巧板写进自己的童话中。法国政治家拿破仑在被流放到圣赫纳拿岛时，也念念不忘玩七巧板。

美国1918年出版的《时髦的中国之谜》中，这样赋诗赞称中国的七巧板：

> 在精神疲惫消沉的时刻，
>
> 只有在七巧板中才能找到舒适。
>
> 七巧板在不知不觉地吸引我们，
>
> 在忧郁中只有它才能使你欢愉。

西方给七巧板取了个英文名 Tangram，即"唐图"，也就是"唐人的图形"。因为中国唐朝是历史上最繁盛的时期，所以国外常用"唐"来代表中国。如西方的唐人街，就是华人聚居的街区。你看，一件小小的玩具，竟成了外国人心目中的中国名片！

有关"唐图"名词的来历，美国益智玩具大师马丁·加德纳还考证出另一种说法。认为 Tangram 出自希腊语，即"蛋民的游戏"。蛋民是指中国沿海的水上居民。由于外国人在中国船上看到蛋民玩七巧板，所以取了这个名字。

过去，有些外国人总认为中国落后、不文明，可是七巧板却改变了这种看法。正如意大利一本游戏书所言："从七巧板可以看出，中国是文明的。"

七巧板中藏智慧

七巧板不只好玩，而且巧妙，充满智慧，所以，早在1742年，日本有一本书《清少纳言智慧板》中，就将七巧板称作"智慧板"。

七巧的基本原理是利用几何图形的分割和拼合。其基本几何法则就是采用了"勾股法"。1818年，德国《莱比锡工业画板》就发表了一篇论文，名为《用中国七巧板向青少年通俗地解释欧

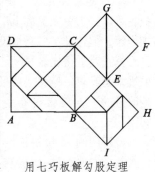

用七巧板解勾股定理

几里得定理》。欧几里得定理即中国的勾股定理，在古希腊叫毕达哥拉斯定理，是最著名的几何定理之一。由此可见，早在一千多年前，就有人借助七巧板来理解经典几何定理。

日本数学家曾向全世界征求一道有关七巧板的数学难题："用七巧板可以拼出多少个凸多边形？"这道难题早在 1942 年就被两个中国学者解开。这两个学者是浙江大学的老师，他们的论证论文发表在当年第 49 卷《美国数学月刊》上。

李约瑟博士除了赞扬七巧板的娱乐功能外，还指出了它的数学价值。说它与"几何割分、静态对策、变位镶嵌"数学分支有关，也与多少世纪以来中国建筑师用在窗格上的丰富几何图案有关。

近年来，七巧板已经进入了人工智能领域。美国一位电脑专家设计出了一套软件，只要你随便画一个图形，这套软件就可以得知，这种图形能否用七巧板拼出来。由此可见，七巧板这种最古老的玩具已经和当代最先进的电脑科技挂上了钩！

益智图

七巧板是拼板玩具的始祖。这种玩具制作简易、玩法巧妙，广为流传。但是，也有人觉得，七巧板只有 7 块拼板，拼出的图形有限，决心对它进行改进。

清初刘献廷在《广阳杂记》中提到，新安潘今伊将 7 块增至 13 块，他还著有《十三只做式》一书。书中指出，增加了 5 块拼板，可以拼出更完美的圭形、磬形、屋宇形、桥梁形、飞燕形、舞蝶形等，但这种十三巧板没有广泛流传。

真正改进得比较科学、受到后人推崇的玩家，是清代同治年间的文人童叶庚。他将七巧板的拼板数由 7 块增至 15 块。他还认为，他改进的十五巧板更有益于增进人们的智慧，于是命名为"益智图"。

益智图的 15 块拼板，并不是随便分割的。它是根据我国周代一本儒家经典著作《易经》来分割的。《易经》是一本有关古代占卜的著作，其中记录了许多占卜用的卦和爻。

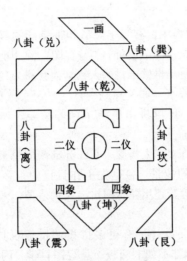

益智图

卦和爻是一些符号，每种符号都有一个名称，如画、仪、象、卦等。画相当于平行四边形，仪相当于半圆形，象相当于带圆弧的直角形，卦又分乾、坤、兑、艮、巽、震、坎、离，共 8 种卦。其中乾、坤为大三角形，兑、艮为小三角形，巽、震为梯形，坎、离为直角尺形。

益智图的 15 块拼板分别是一画、二仪、四象、八卦。即有一个平行四边形，两个半圆形，4 个带圆弧的直角形，8 个卦中包括两个大三角形、两个小三角形、两个梯形、两个直角尺形。

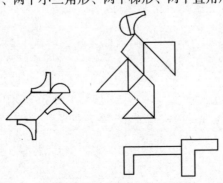

用益智图拼出的"嫦娥奔月"

　　由于 15 块拼板中，有了半圆形和带弧形的直角形，所以特别适合拼出各种人物形象。这样，"益智图"除了能拼出七巧板的各种拼图外，还能拼出惟妙惟肖的人物，而且拼出的图案还可以逼真地表达各种人物故事，如"嫦娥奔月""天女散花""后羿射日""女娲补天"等。还可拼出唐诗宋词等意境，如"举头望明月""朝辞白帝彩云间"等。

　　益智图曾令许多名人折服。在江苏淮南周恩来故居，就展示了周恩来拼益智图的情景。鲁迅先生在日记中也多次提到玩这种玩具。京剧大师周信芳还用益智图拼出人物造型，来丰富自己的舞台形象。

　　现在，有人又设计了有更多拼板的拼板玩具，如二十巧板、"百巧板"等。但都不如七巧板、益智图科学，因此未能广泛流传下去。由此可见，任何一种东西，并非越复杂越好，适度才最合理。这是拼板玩具的启示，也是对人生哲理的一种揭示。

02 秦国使臣的"国礼"——九连环

◇ ·················

刁难齐国的玉连环

西汉学者刘向编的《战国策》中，讲了这样一个故事：

秦昭王派了一个使臣到齐国去，他带了一个特殊的国礼玉连环。秦国是个大国，齐国是个小国，秦王真瞧得起小国吗？

不，秦王是在戏弄齐王哩！原来这玉连环，是一种难以解开的连环。秦使臣对齐王后说："不是说齐人多智吗，那能不能把这玉连环解开呢？"

齐王后叫群臣去解，结果谁也解不开，齐王后一气之下，用锤子把玉连环砸碎，将环解开。

元代戏剧家郑德辉将这个故事编成杂剧《丑齐后无盐破连环》。杂剧结局改成齐后无盐娘娘聪明过人，很快将玉连环解开，而且命人将秦国使臣赶出了齐国。

这些史实中提到的玉连环到底是啥样，资料中没有详细记述。但是，可以分析出这一定是一种解环类的玩具，既然聪明人可能解开，那一定是一种古老的益智玩物喽！

情人的信物

据说西汉文人司马相如夫妻都十分聪明。传说司马相如到长安做官多年，给妻子写了一封信，信中只有"一二三四五六七八九十百千万"13个字。妻子一看，"万"后缺"亿"字，就推测出丈夫暗萌休妻之意，因为"无亿"就是"无意"的意思啊。

司马相如的妻子卓文君把心中之怨恨写在回信中，信中说："一别之后，二地悬念，只说三四月，又谁知五六年，七弦琴无心弹，八行书不可传，九连环从中折断，十里长亭望眼欲穿，百思想，千系念，万般无奈把郎怨。"

其中提到的九连环就是连环玩具。如果上述传说可靠，那么战国时的玉连环玩具已经在西汉时，演变成九连环玩具了。

宋朝周邦彦曾写过一首《商调·解连环·春景》词，词中有一句为"信妙手，能解连环"。资料中提到宋朝都城临安市场上，有专售"解玉板"玩具的，这"解玉板"就是一种带玉板的连环，即"玉连环"。这种玉连环开始只有少数几个环，后发展到九个环，而成型为"九连环"。

清代乾隆年间印行的《霓裳续谱》中，收集了一首竹枝词，词中说到当时男女青年把九连环作为信物互相赠送，所以有词曰：

> 有情人，送奴一把九连环，九呀九连环。
> 十指纤纤解不开，拿把刀来割，割也割不开。

这说明，九连环难以解开，象征爱情缠绵。

清代曹雪芹的不朽名著《红楼梦》中，也提到九连环，那是讲姑娘们在宝玉房中玩九连环。这说明当时九连环不只是定情物，也是男女青年们喜欢的玩物。

九连环不只好玩，而且因为难解很消磨时间，所以徽商的妻子在送别丈夫后，往往用玩九连环来打发时光。

"妙绪环生"的九连环

九连环如此吸引人，那它到底是什么样子的呢？清朝民俗画家吴友如用画笔描绘出了具体形象。画名为"妙绪环生"，画的是几位妇女在津津有味地玩九连环，真是"妙趣横生"。

九连环由主体环托和分离的一个环柄组成。主体上装有 9 个环。玩时要将主体上的 9 个环一一套到环柄上去，也可以把套上的环一个个从环柄上取下来。

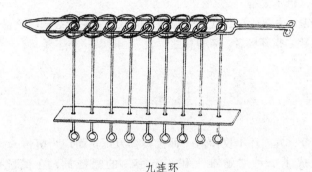

九连环

别看这九连环并不十分复杂，但要套上或取下并不简单。这既要一定的诀窍，也需要一步也不能走错的耐心。因为一旦一步走错，不是就此纠正即可，而是要推倒重来。

九连环之所以被人们称作智力玩具，而且将它作为解环玩具的典型，是因为它具有深刻的科学内涵。

首先，九连环的结构和玩法，竟能形象地演绎深刻的数学原理——拓扑学。拓扑学是一种高深的数学，九连环就可以通俗地解释拓扑理论。

在第二次世界大战期间，美国贝尔实验室的数学家弗兰克·格雷发明了一种二进制的电码，在无线电通信中获得广泛应用。有趣的是，这种电码理论竟与古老的九连环原理相同。玩九连环的步骤是上环、下环，而格雷码的步骤是通、断，两者都可以用 0、1 符号来表示，这就是现代电子计算机的基本原理。

数学家们不仅用理论分析了九连环，而且用公式算出了玩九连环的步数，即解出 9 个环要 256 步。其步骤的公式为 2^{n-1}，其中 n 为环数。当环数 $n = 2$ 时，步数为 $2^{2-1} = 2^1 = 2$ 步；$n = 9$ 时，步数为 $2^{9-1} = 2^8 = 256$ 步；当环数 $n = 19$ 时，步数多达 $2^{19-1} = 2^{18} =$

2262144 步。

由此公式可以解释为什么九连环是各种环数的连环玩具中最合适的。因为环数太少，步数少，没难度；环数太多，步数多，又太烦琐。试想，玩十九连环，要上下 2262144 步，得用多少时间啊！而玩九连环是用 256 步，费时不多不少，正适合一般爱好者玩，既不太易，也不太难。

再说，九是中国古代一个很神圣的数字，它代表阳数之最。古有"凡数之指其极者，皆得称之为九"。所以，九连环又有"难度之极"之意。

歌中"九连环"

如今，九连环不仅作为一种古典智力玩具而广为流传。同时，它甚至成了一种"解难"和"亲密"的象征词，在民歌中广为引用。

在我国流行的原生态民歌中，有许多就以"九连环"为歌名。比如有一首苏北民歌，唱词是：

亲亲人儿呀，送我一把九得九儿九连儿环。

打把铜刀割啊，割也割不开。

这和清代那首竹枝词简直是异曲同工。此外，客家民歌、陕北民歌、江西民歌、潮曲、锡剧、京剧中都有九连环曲牌。流行的湘西民歌《山路十八弯》中，也有"九连环"词句。

陕北民歌中唱道：

大门子锁，二门子栓，

三门子又上九连环。

这里将九连环比成难开的锁。

江西民歌唱道：

耳环要戴九钱九，戒指要戴九连环。

这里又把九连环当作一种装饰。可见，九连环是多么深入人心啊！

奇妙的消遣

九连环由于好玩又难解，所以自古以来就成为人们，尤其是妇女们的消遣方式之一。

古时徽商很早就外出经商，常常留给妻子一把九连环打发时光。有一首诗就反映了这个情景：

> 龙游兰姑鲍氏女，守节卅年多凄苦。
> 镜里乌云变白发，解尽连环九九数。

诗中的鲍氏女就是龙游地区一位徽商的妻子。她用解九连环来打发30年的时光。她的后人甚至现在还留着当年她玩过的九连环。

20世纪初，旧上海一种明信片上，甚至画有妇女和儿童解九连环的图像。上面还附有一首诗：

> 铜片做了九连环，
> 坐在家中解心烦。
> 聪明之人还可学，
> 小儿哪里弄得成？

诗中道出了九连环的难解，还道出了小儿也喜欢玩哩！尽管小儿一时解不开。

九连环不仅令国人消遣，也进入了国外消闲活动中。日本有个叫相良半㐂的人，他写了一本《另类童话·玩具》，其中有这样一首诗：

玩九连环的妇人

> 半年萍迹入秋还，琼浦繁花梦寐间。
> 喜见五娘皆健在，探囊分与九连环。

是什么令他解囊分发九连环，原来这是他梦寐以求的玩具啊！

03   "压力山大"的心结——绳结

◇ ················

"戈尔迪乌姆结"

在公元前 336 年至公元前 323 年期间，欧洲有一个强大的帝国——马其顿王国。当时它的国王就是极端专横的亚历山大大帝。他先后征服了欧洲的希腊、非洲的埃及，并侵入亚洲的印度。

然而，这个不可一世的大帝，却败在一个乡下人手下。这是怎么回事呢？

原来，在小亚细亚一个叫戈尔迪乌姆的地方，有一个乡下人叫戈尔迪乌斯。他养过羊，种过葡萄，虽然地位低下，但由于他智慧过人，所以，后来当上了当地一个小国弗里吉亚国的国王。

戈尔迪乌斯接过王权之后，并没有忘本。他虽然身处王宫，但并没有忘却昔日那些他用过的用具和农具，比如修剪花木用的剪刀等等。

这一天，戈尔迪乌斯小心翼翼地用绳子在剪刀上打了一个结，然后将绳端系在墙上的钉子上，把剪刀挂在墙上。他打的这个结非常特殊，因为别人如果不用刀砍断绳子，是无法解开结将剪刀取走的。他过去系牲口就常常打这种结，因为这个结难以被别人解开，所以别人偷不走牲口。

后来，有人就把这种结，称作"戈尔迪乌姆结"。甚至还有人说，上帝有谕旨：谁能解开这个绳结，谁就能统治整个亚洲。

这个消息也传到了亚历山大国王的耳中，他心想："我是统治欧洲、非洲许多国家的大帝，难道不能统治你这个小小的亚洲国家吗?"于是，他高傲地前去解这个"戈尔迪乌姆结"。

他来到戈尔迪乌斯宫中，冲着挂在墙上的剪子，动手解起结来。可是，他经过多次尝试，都未能成功地把绳结解开，这真是一个解不开的心结啊。这个气急败坏、不可一世的大帝，一怒之下，竟抽出宝剑，蛮横地把绳子砍断，取下剪刀。

解不开的戈尔迪乌姆结

这个故事，多么类似齐国皇后解秦国使臣的玉连环的情况啊!

西方由于亚历山大解不开"戈尔迪乌姆结"的传说，给后人留下一个典故：人们把解不开的难题、达不到的目的，都称作"戈尔迪乌姆结"。而把克服了困难、达到了目的，称作"砍断了戈尔迪乌姆结"。

现在有个网络词"压力山大"，用来泛指那些工作压力大的人。我们可以借用这个网络词来形容那个马其顿王国亚历山大大帝。他解不开"戈尔迪乌姆结"，压力是何等大啊!

神奇的中国绳结玩具

中国有句成语"解铃还需系铃人"，出自明朝瞿汝稷的《指月录》。讲的是金陵清凉寺泰钦法灯禅师法眼独具，他问众人："虎项金铃，是谁解得？"众无对。他又说："系者解得。"意思是虎脖子上的铃子是谁系上去的，谁才能把它解下来。

这个典故说的虽然不是绳结玩具，但说明绳结这种东西自古有之。只不过后来才演变成了玩具。

在清代，唐再丰于光绪十五年（1889）出版的戏法书《鹅幻汇编》中，就记载着三种有趣的绳结魔术玩具"仙人开锁""仙人穿梭"和"仙人摆渡"。

"仙人开锁"是用纸剪一个"曰"字形的锁，再在中间的锁梗下剪一小孔。然后用绳子一头从小孔中穿进去，套在锁梗上，再从小孔中穿出来。最后，在绳子两头各系一个铜钱。这样，玩具就制成了。

"仙人开锁"的玩法是想办法将绳子和铜钱一并从锁中取下，但不许将锁或绳子破坏。

初看起来，由于铜钱比小孔大，难以穿入，钱取不下。但是通过纸锁的弯曲，钱可以通过锁梗穿出取下。

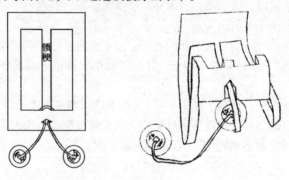

仙人开锁

"仙人摆渡"则是在一块硬板上开 3 个孔，再用绳子在中间孔中打一个结，再在绳子两头各系一个铜钱，然后将绳子的两头分别系在板子的左、右两个孔上。

"仙人摆渡"的玩法是想法将两个铜钱穿在一起，而不能将绳子剪断。

"仙人摆渡"的解法比"仙人开锁"要复杂一些，因为"仙人开锁"的绳结是开放式的，而"仙人摆渡"的绳结是打上的。但要玩成功也不难，只要将绳结松开，把其中一个铜钱通过松开的绳结穿插而过，即可达到目的。

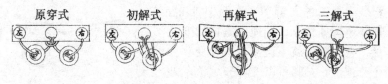

原穿式　　初解式　　再解式　　三解式

仙人摆渡

"仙人穿梭"共有 3 个部件、一条绳子。其中一个部件是铜钱，另一个部件是布纽扣孔，还有一个部件是铜纽子。先将绳子系在铜纽子上，再将绳子两头并在一起，穿过铜钱和布纽扣孔，然后将绳子两端固定在墙上或桌子上。

"仙人穿梭"的玩法是要在不剪断绳子的前提下，将铜钱从绳子上取下来。

"仙人穿梭"的解法关键是在布纽扣孔上，只要将布纽扣孔穿入铜钱的孔中，再将铜纽扣从布纽扣孔中穿过，即可解下铜钱。

除以上绳结玩具外，我国还流行和"戈尔迪乌姆结"相同的"解剪子"玩具。它的结构几乎和"戈尔迪乌姆结"相同，只是中国的剪子结更简单些。中

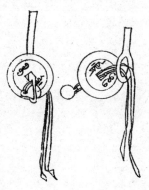

仙人穿梭

国"解剪子"玩具只要松开绳结，将剪子从松开的结上套出就成了。

绳结玩具与数学

谁也想不到，平凡而简易的结绳玩具竟然与高等数学挂上了钩。前面提到，这门高等数学叫拓扑学。

拓扑学是研究几何形状变化的数学分支，是指几何形状在不破坏的条件下，连续变化时性质不变。这个数学原理十分深奥，但是用绳结变化来形象说明就十分清楚。

拿上面的"解剪子"玩具来说，只要不剪断绳子，则绳子是连续变化的，它的性质就不会变。这种变化会十分神奇，它既可以变得和"戈尔迪乌姆结"一样难解，也可以变得从剪刀上自由脱离开来。而用剪刀剪断绳

解剪子

子，拓扑性质就变了，这样的玩法也毫无意义了。

我国著名拓扑学家吴文俊就明确指出过，绳结这类玩具的确可以用拓扑学来解释。另一位数学大师陈省身更是由此指出："数学好玩。"

04　送给爱妃的纪念品——莲花球

◇┈┈┈┈┈

印度灵庙的铜丝球

到印度旅游，在许多庙宇和旅游点，会碰到一种叫"莲花球"的纪念品。

这种莲花球是用铜丝或铁丝编结而成的。它压平后是一个圆盘形；拉开后，可以任意翻折出许多形状来，如花篮、花环、花鼓、花球等。原来这是一种可以充分发挥你的智慧的玩具，你可以用你的聪明才智，翻出形形色色的花样来。

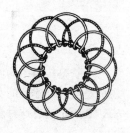

莲花球

这种玩具是谁发明的呢？传说它与修建世界闻名的文明古迹泰姬陵的沙杰汗皇帝有关。

17 世纪时，印度历史上最后一个王朝莫卧儿王朝执政。这个王朝的第五代皇帝沙杰汗起兵，企图夺取他父王的王位，可惜争斗失败，于是过着颠沛流离的生活，一直陪同他的是他的爱妃阿姬曼·芭奴。后来，他终于夺取了王位，于是封爱妃为"慕姆泰姬·冯哈尔"，简称"泰姬"，意为"宫廷的王冠"。后来，泰姬临产死去，他特地为她建了泰姬陵。

泰姬陵只是沙杰汗送给故去的爱妃的礼物，其实，沙杰汗在爱妃生前也给她送了一个礼物，这个礼物就是莲花球。为的是供爱妃在宫中把玩。

印度为推销莲花球，很下功夫。不仅在旅游点大力叫卖，还在电视上大力宣传。为了推向世界，还取了个英文名"The lotus puzzle"，意思是"莲花智力玩具"。

为什么和莲花联系起来呢？原来印度崇尚佛教，而莲花则是佛教的象征。传说佛祖释迦牟尼出生后就能行走，他向东西南北各走了7步，步步足生莲花，于是佛祖造型是坐在七瓣莲花座上。

莲花球也是由铜丝编成7个瓣，又可以翻折出莲花形状来，所以就称作"莲花球"或"莲花智力玩具"。由于这种玩具多在印度的灵庙里卖，所以外国人一般都叫它为"印度灵庙的铜丝球"。

意大利设计家布鲁诺·姆那利在1964年写了一本叫《圆》的书，书中就列举了印度灵庙铜丝球的各种形状。加拿大多伦多的收藏家汤姆·蓝山收藏了许多印度灵庙铜丝球，称这种玩具是灵庙创建者的女儿发明的。

花篮十八翻

不管是传说中的沙杰汗发明了莲花球，还是将莲花球的发明者说成是灵庙创建者的女儿，似乎都是说莲花球发明者是印度人。其实，我国早就有这种玩具，而且构造更复杂。

翻花

在我国，这种玩具叫"翻花"，意思是可以翻出花样来。有的地方又叫它"花篮十八翻",意思是它像个花篮,可以翻出 18 种花样来。其实,十八翻只是一个比喻,说明花样多,实际何止 18 种花样呢。

在我国古老的庙会上,就曾经有民间手艺人在庙会上制作"翻花",当场制作、当场演示、当场卖。

由于在庙会上常见,所以连外国人也知道这种玩具。日本智力玩具专家坂根严夫在他著的《世界益智玩具搜奇》一书中,针对印度的莲花球,他指出:"在中国庙会上也有用铁丝制作的同样玩具出售,其历史可追溯到百年以上,是不是印度传来的还没有作过考证。"

坂根严夫说中国翻花历史有百年以上,这是事实,因为笔者到制作翻花的专业村去调查过。北京庙会卖的翻花大都是河北省徐水县安肃镇十里铺村生产的。这个村有制作翻花的悠久历史,几乎家家户户都会制作这种玩具。村里人说,他们祖祖辈辈都会做翻花,一到农闲和快到春节时,他们就会赶制这种玩具去赶庙会。

至于是不是从印度传来的,笔者认为不是,因为我国生产的翻花不仅和印度的不一样,而且更复杂。

印度的铜丝球有 7 个花瓣,这是与他们信仰佛教有关,而我国的翻花是 6 个花瓣,这是与我国的民俗有关。中国人认为"六"是个吉祥数,有"六六大顺"的说法,所以中国把"六"这个数溶进了翻花玩具中。在庙会上玩它,就预示着来年顺利。

此外,中国的翻花比印度莲花球结构更复杂,印度莲花球的花瓣是单层的,而中国翻花花瓣是双层的,所以玩出的花样更多、更美。

练手又练脑

翻花玩具看似简单,但构造巧妙。所以,玩起来不但要动手,而且要动脑。

这种玩具压平时大约直径为 7~8 厘米,此尺寸正好适合在手中把玩。

　　由于翻花的金属丝，是用活动的方式连接的，所以可以随意翻折。玩时可以充分发挥你的智力，创新出各种新花样。

　　翻花的原理，和绳结、九连环一样，也是利用了数学里的拓扑原理。尽管制作它的村民或玩它的普通百姓不懂这种高深的数学原理，但是在玩的当中，不知不觉地在运用这个原理。

　　玩翻花不仅要用脑，更要用手。玩的时候，可以提高手上的技能，也就是动手能力。同时，不断地在手上把玩，就和玩健身球一样，可以增强手的活动能力，锻炼了身体。

05 木工祖师爷的难题——鲁班锁

◇ ··············

鲁班考儿子

传说木工祖师爷鲁班年纪大了，要选接班人。首选当然是他儿子，但他还不放心。

有一天，他要考考儿子。他拿出一个用6根木条组成的东西，要儿子把它解开。这个东西是他捉摸了许久才做成的，其实它就是古代木工结构中的榫卯构件，只不过缩小成玩具形状。

鲁班

鲁班的儿子看到这个东西，开始发现的确不好分解。不过，自己跟随父亲多年，对木工中的榫卯结构已经是很熟悉了，所以经过一番思索，最后终于解开了。于是，正式成了鲁班的接班人。后来，人们就把这种玩意儿称作"鲁班锁"。

以上仅是一个民间传说，如今民间流传的益智玩具鲁班锁并非真是鲁班发明的，只不过由于鲁班是公认的木工祖师爷，就如此命了名。

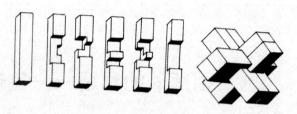

鲁班锁

其实，鲁班锁这种用6根木条拼插而成的玩具，它在全国广泛流行，而且各地的称谓也有所不同。在江浙一带，叫"孔明锁"，在河南、河北叫"别闷棍"或"难人木"，在西南地区叫"莫奈何"，在两广地区叫"六棱"，在西北地区则叫"六疙瘩"。中国古代资料上叫"六子联芳"，传到国外，叫"六根刺的刺果拼插难题"。

"六子联芳"戏法

鲁班锁源自中国古代木工建筑中的榫卯结构，这种结构可以追溯到距今7000多年前的河姆渡时期。那时建造房子用的是木头，它们依靠榫卯结构彼此相互拼合，而成为牢固的构件。

如今，我们在河姆渡遗址博物馆里，还可以看到出土的当时的榫卯构件。它们是在木头上挖出凸、凹形状的榫和卯，然后将凸、凹部分镶嵌起来，就可以把几根木头固定在一起，而不需要任何的钉子。而且，要分解开来也十分方便，且不必破坏其中的构件。

这种榫卯结构后来演变成了一种"锁"，供人娱乐。这种"锁"在清朝变成了一种戏法，称作"六子联芳"。

"六子联芳"戏法记载在清代桃花仙馆主人唐再丰编撰的《鹅幻汇编》一书中。"鹅幻"是古代对戏法的称呼。原因是古埃及和古印度曾经用鹅来变戏法，将鹅头砍下，鹅还能走；把头接上，鹅恢复原形。所以，古代中国统统把这类戏法称作"鹅幻"。"六子联芳"就是其中的一种。

这本戏法书中详细介绍了"六子联芳"的结构和演示法。书中说:"方木六根,中间有缺,以缺相拼合,作十字双交,形如军前所用鹿角状,则合而为一。若分开之,不知其诀者,颇难拼合。乃益智之具,若七巧板、九连环然也。其源出于戏术家,今则市肆出售,且作孩稚戏具矣。"

由此可见,清朝时就已把"六子联芳"这种鲁班锁作为益智玩具,与七巧板和九连环并列。

书中还将这种戏法和孔子的"六艺"连在一起,将其中的六根方木分别命名为"礼、乐、射、御、书、数"。由此可见,当时就把鲁班锁这类玩具上升到儒家文化的高度,体现了它不仅具有娱乐功能,还有文化价值。

鲁班锁很早就传到了西方。1857年美国出版的《魔术师手册》中,就介绍了这种戏法。美国著名益智游戏大师马丁·加德纳特地研究了这种玩具,说西方把这种玩具形象地称作"Six – piece burr puzzle",意为"六根刺的刺果拼插难题"。美国和英国的计算机专家和数学家还用计算机来分析鲁班锁的玩法程序。他们发现,由6根木条组成的鲁班锁组合方式多达119 963种。而当今的鲁班锁已由6根木条发展到9根、18根等多种形状,其组合方式更不计其数了。

鲁班锁的启示

鲁班锁由实用的建筑构件,演变成了益智玩具。现在,人们又从益智玩具中受到启发,又演变成了多种技艺。

河北安平县有一座千年古庙圣姑庙,庙中有一个"万晴塔"。其结构为多个"榫卯式"鲁班锁形,当地人称"难人木"。此庙早已损毁,人们想复建它,但未留下图样,十分为难。该县史官屯有一农民李铁墩,受鲁班锁启发,经多年研究,制造出了万晴塔模型。老人们看后,认为该模型与实物无异,这就为复建这一文物提供了方便。

北京有一位鲁班锁专家秦筱春,他将6柱式传统鲁班锁发展到多柱。他不仅将柱数扩展到了极点,而且改造了外形,成了雕塑艺术品。其中9柱式鲁班锁雕塑"九九归一"，获得了中国首届"槐花杯"环境雕塑大赛优秀奖。

当代杰出的西班牙雕塑家米·贝罗卡将鲁班锁和艺术结合起来，组合成各种艺术品。其作品不仅有汽车、手枪、军舰、飞机等多种实体机械形状，还有古典艺术品和神话经典人物形象，如圣母马利亚和天神普罗米修斯等。他的这种独特的艺术成就被国际艺术界评价为"把视觉上和触感上的快感和益智玩具对智力的锻炼结合起来了"。

06   曹操败走的路线图——华容道

◇ ················

《三国演义》里的故事

　　《三国演义》第五十回，说的是"诸葛亮智算华容，关云长义释曹操"的故事。

　　故事发生在东汉建安十三年，也就是公元 208 年。魏国的曹操统率八十三万大军南征，到达今长江中游一带。蜀国的刘备和吴国的孙权联合起来抵抗曹操。在今湖北洪湖附近的赤壁，双方大战一场。曹操的八十万大军被火烧得大败，最后只好带着十几员大将落荒而逃。当他们逃到华容这个地方时，由于道路崎岖，逃不出去。更加令他伤脑筋的是，诸葛亮又预先在这里设下埋伏，而伏兵的首领又是"红脸大将"关云长（关羽）。眼看曹操

华容道

死路一条，但是"天无绝人之路"，因为曹操和关羽有一段旧交情，关羽竟念旧情放走了曹操，使曹操得以逃出华容道。

这段众人皆知的故事，被人引进了中国一种古典玩具中，而且就用"华容道"命了名。

其实，这种玩具并非三国时代发明，它虽然很早就流行于民间，但最后定型只是近代（20世纪四五十年代）的事。而且有过许多别名，如"鲁智深冲出五台山""敢把皇帝拉下马""赶走纸老虎""船坞排档"等，只不过"华容道"这个名称更形象、更准确，所以流传了下来。

不可思议的游戏

华容道和西方两种益智玩具魔方、独立钻石棋，被国际智力游戏专家称为"世界三大不可思议的智力游戏"。为什么不可思议呢？下面将从这种游戏的发展这一角度加以说明。

华容道从它的结构上来看，被划入滑块玩具之列。英文称作 Sliding Block Puzzle 或 Sliding Piece Puzzle，可译作"滑动的木块难题"。就是将一些木块放在一个框子里，让框子里留下一个或几个块状的空隙，然后通过空隙来移动木块，使木块移成所要求的位置。

滑块游戏起源于我国远古时代的九宫图。大约到宋朝时，就有了"重排九宫"的游戏，有人认为这就是滑块玩具的老祖宗。

"重排九宫"是在一个 3×3 格的九宫图的方框中，只安排 8 个方块，留下一格为空位。将 8 个方块编上 1 至 8 的数字，先打乱次序随意放在 8 个方格中。要求通过这个空格来移动方块，使方块上的数字分布符合事先规定的要求，比如排成"幻方"等。

"重排九宫"传到西方，将其发展成"重排十五"游戏。即将九宫变成十六宫，滑块由 8 块变成 15 块。这就是西方有名的"十五谜"玩具。

到了近代，有人感到，"重排九宫"或"重排十五"构造比较简单，它们的滑块面积和形状都是相同的，这样玩起来可能单调些。于是有人把滑块改得大小形状不一样，这样就出现了大方块、小方块和长方形方块的滑块。

在这些改进中，有一种形式得到肯定，这就是今天所谓的"华容道"形状。它有 10 个滑块，其中正方形小方块 4 个、长方形中号块 5 个（各占 2 个小方块大的面积）、正方形大方块 1 个（占 4 个小方块大的面积）。这 10 个滑块总面积为 4 + 10 + 4 = 18 个小方块面积。将它们放在一个占 4 × 5 = 20 个小方块面积的框中。这样，框中就留下 2 个小方块面积的空格。玩的时候，就通过空格来移动滑块。

这种滑块玩具，由于滑块大小、形状不一样，玩成功就比较困难，具有更大的挑战性，所以受到世人的青睐。

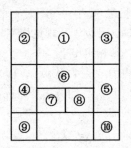

大约在 20 世纪初，法国将这种玩具叫作"红鬃烈马"游戏。那个最大的方块被称为"红毛驴"（Red Donkey）。玩的方法是要通过移动各个方块，使烈马冲出重围，从下部的开口逃出去。这个玩具，很快在欧洲流行，到了西班牙，改名为"追捕逃犯"。

与此同时，在中国也出现了这种玩具，而且在不同时期、不同地区，冠以了不同的名称。最后，终于从《三国演义》的故事中，找到了一个令大家都信服的名称"华容道"。

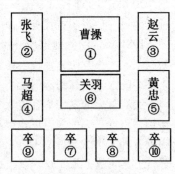

华容道布局

"华容道"的最大方块被命名为曹操，5 个长方形方块分别命名为"关羽""张飞""赵云""黄忠"和"马超"。4 个小方块被命名为"卒"。玩法是通过移动各方块，使"曹操"从下方的出口逃出去，象征曹操逃出了华容道。尽管曹操败走华容道时，关羽、张飞、赵云是刘备手下猛将，而黄忠和马超还未归降刘备，但这并不妨碍人们对这种玩具命名的认同。巧妙的是，关羽正好挡在曹操的前方，应和了"关羽放曹"的史实。也许正因为如此，专家们才将它认定为"不可思议"的游戏。

从足球游戏到搬家器

华容道玩具之所以迷人，还在于它的布局巧妙而且丰富多彩。

在我国，最正宗的布局叫"横刀立马"。就是关羽骑着马、拿着大刀横立在曹操的面前，挡着他的出路。这种布局的解法有 85 步、83 步的解法，最后有人得出 81 步的最优解法。

我国最早研究华容道的是西北工业大学教授姜长英先生，他在 20 世纪 80 年代组织过一个华容道研究会，研究出数百种华容道的布局，开创了用理论研究华容道的先例。

1940 年，美国一家公司推出了华容道的"足球游戏"。其中大方块为"主力队员"，横放的长方块为"足球"，下面的出口为"球门"。玩的方法是通过移动各方块，通过主力队员把足球踢到对方的球门去。后来，"足球游戏"又有了"迪斯尼"版，方块上的队员变成了米老鼠和唐老鸭等形象。

20 世纪 70 年代，泰国又推出了一种"捷足先登"布局，这种玩具还以一位泰国古代英雄命名，给玩具贴上泰式标签。

1981 年，以色列推出一种"交通拥挤"布局，将玩具比作公共汽车，大小方块分别代表各种乘客。游戏方法是想法把代表胖女人乘客的大方块移到车门处。

更有意思的是，华容道玩具近来还被变成实用品。比如在美国市场，出现了一种华容道式搬家器。搬家器中的方块，分别表示家中的各种大小的家具。所有家具搬动方案先在搬家器预演，预演出最佳方案再真搬家，这样就可以省去不少麻烦。

07   投掷的游戏用具——骰子

◇..............

从"投子"到"色子"

　　骰子是一种六面体的投掷玩具，由于它一度沦为赌具，所以人们对它另眼相看。其实，它原本是一种玩物。在中国古代许多游戏项目中都要用到它，而它本身，也可以作为一种独立的玩具。

　　骰子是谁发明的呢？清朝《坚夸瓜集》中说，投子可能是明代陈思王所制。这里说的"投子"就是后来所说的"骰子"，因为它是用来投掷的游戏用具。

骰子

　　不过，说骰子是陈思王发明的，其实并不准确。虽然在魏州（今河北省魏县），曾发现数斗明朝窑烧的陶瓷投子。上述书中说是为了传给后世，就埋起来供"人间玩好"。但其实，早在2000多年前的秦代就有了骰子这类玩具。陕西省临潼的秦始皇陵园内，就发现一枚秦代石制骰子，不过这个骰子不是六面体，而是十四面体。

　　学者们认为，骰子这种用于投掷的游戏用具，是由春秋时代的博戏用具箸和茕演变而来的。不过，那时的箸和茕是用竹和木制作的。前者为神签形，后由竹改用木制，变成棱形；后者后来由木改为玉制，呈橄榄形。到晋代，才演变成今天的六面体形状。

浙江省余姚晋墓中，就出土了一枚瓷骰子。这枚瓷骰子就是六面体形状。据考证，也曾发掘出古埃及、古罗马和古印度这个时期这种形状的骰子，由此可见，世界文明古国在许多文化上是相通的。

古时的骰子，多用木、石制成，也有瓷质和铜质等。到唐

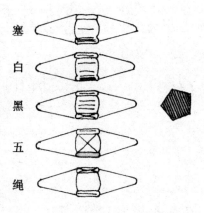

塞

白

黑

五

绳

春秋时代的箸

朝，骰子多改为用兽骨、兽角雕刻而成，所以改称"骰子"。但这个"骰"字，念"色"不念"投"，这是为什么？原来，骰子上面最早是写有文字或画有一道道直线。后来改刻"点"。骰子上的六个点中，有5个点涂黑，只有"4"点涂红。这是因为唐朝时，明皇和杨妃有一次玩骰子游戏时，只有"4"点可解，结果真投到了"4"点，所以就把"4"点涂成红色。正因为如此，这"骰子"的"骰"就念成"色"，骰子也就念作"色子"了。

骰子与文化

在人们的眼中，骰子只不过是一种游戏用具，与文化似不相关。其实，它早已渗透到诗歌和戏剧之中。

元代剧作大家关汉卿，就将骰子写进了《钱大尹智宠谢天香》一戏中。宋朝妓女谢天香和大词人柳永相好。柳永进京赶考，将天香托付给开封府钱大尹。柳永考中状元后，令天香以骰子为题作诗，天香不知柳永考中，就写道：

> 一把低微骨，置君掌握中。
>
> 料应嫌点涴，抛掷任东风。

诗中将自己比作低微的骰子，在钱大尹掌握下。大尹可能嫌自己脏，就随意抛掷在风中。其实，这是天香误会了，所以钱大尹仍以骰子为题，也作一首回赠她：

> 为伊通四六，聊擎在手中。
>
> 色缘有深意，谁谓牛马风。

这是告诉天香，之所以将天香擎在手上，是另有用意。那就是说，你就像一枚赌博的工具，我把你的色点"四""六"打通，是因为这枚骰子有色缘，它预示着你的心中人状元及第即将返回，这和我掌控你风马牛毫不相干。

唐朝诗人温庭筠在《南歌子》一诗中，有一句"玲珑骰子安红豆，入骨相思知不知"，说的是有人将相思子，镶入骰子中，用来代替色点，其用意是用这种骰子来传达相思之情。此时，骰子又成了爱情的信物了。

变赌具为益智玩具

在人们心目中，骰子常被视为赌具，因为它常常出现在赌博活动中，如在纸牌和骨牌赌博中，就用上骰子作辅助工具。

其实，最早的博戏并非以赌为目的，它是在人与自然搏斗中，产生的一种心理活动。这种活动发展到人与人的竞争，就产生了以拼搏为娱乐的活动。而这种拼搏娱乐活动的主流工具就是骰子。

到唐朝，骰子游戏玩出了一种新花样："骰子选格"，就是以掷骰子所得点数来行进格数。每个格子代表一定官阶，谁行进的格数最多，最先到达顶点为胜。这种玩法叫玩"升官图"或"选仙图"。

现在，用骰子赌博早已取缔，但类似"升官图"的游戏保留下来了。不过现在已改造成"攀高峰""争上游"之类的名称了。然而，最大的改造是将骰子脱胎换骨，变成益智玩具，这是骰子的新生。

在民间，流传一种速算骰子，它一套共5枚。每枚骰子的六个面上，不是刻着1至6的点子，而是一套三位数的数字。由于这些三位数各不相同，所以以5个骰子的三位数相加起来有一定难度。但是很奇怪，你只要掌握一定之规，相加结果一二秒钟就可以出来。

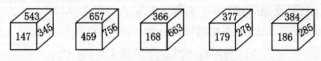

速算骰子

美国智力大师马丁·加德纳在他 70 岁生日时，曾用骰子表演了"耳朵听数"的"特异功能"。就是背过身去，令人在桌子上翻转骰子，奇怪的是，尽管他看不到骰子，但每次都能准确地喊出上面的点数。这当然不是靠耳朵听数，而是基于数学规律。

最近在电视上，还看到一种摇骰子，使许多骰子竖立成一柱的表演，这当然不是益智游戏，而是一种技艺了。

08 中国的"国牌"——麻将

◇ ⋯⋯⋯⋯⋯

"神州麻将除不尽"

在外国人眼中,中国有两种"国字号"娱乐:一是"国剧"——京剧,二是"国牌"——麻将。麻将定型于 19 世纪的中国,但其原型在元朝之前就有。有人说,元代时马可·波罗从意大利来到中国,回国后将麻将传到欧洲;也有人说,是元代蒙古人西征,把麻将传到欧洲。《简明大不列颠百科全书》说,麻将是从中国传入西方的一种牌式,后来流行于欧美。1937 年,美国甚至成立了"全国麻将联合会"。

麻将传入亚洲各国,应当比欧洲更早。日本将麻将比作"麻雀",有《麻雀》诗曰:

神州麻将除不尽,展翅纷纷避东瀛。

日本士绅皆喜爱,翩翩落入巷街中。

为什么神州麻将除不尽呢?因为麻将兼具游戏和赌博功能,有人想除却它。但它在赌博中,是最温和的一种,而用它作为正当娱乐,又的确具有大众性,所以流传至今。

麻将是如何发明的呢?这要追溯到古代的博戏。春秋时代乃至商代，盛行一种"六博"游戏具。它是用竹子做成的，状如神签。到唐宋时，出现了另一种博戏——"叶子戏"。叶子戏到明清时又发展出一种"马吊"牌。后来，"马吊"又转音成"麻雀"。徐珂在《清稗类钞·赌博类》一书中说，"麻雀"为"马吊"之转音，因为江浙一带读"麻雀"为"麻刁"，所以转化成"麻雀"。也有人认为，由于马吊牌中有一张"一索"牌画成麻雀样子，所以被称作"麻雀牌"。

那么，"马吊"又是如何来的呢？据说，玩"马吊"必须四个人，即"三缺一"。而马若四蹄缺一，则称为"马掉"，因此把这种牌称作"马掉"，后来转音成"马吊"。

"马吊"再转成"麻雀"后，据说因为玩牌规定，必须有一对（即两张同样的牌），而这副对子叫"将牌"，所以就又将"麻雀牌"称作"麻将牌"。

麻将是谁发明的

麻将牌历史悠久，它经历了长期的演变，定型为今天的样子：即有基本牌 108 张，其中"万""索""筒"从 1 到 9，各 36 张。另外还有 36 张副牌，即三箭（中、发、白）共 12 张，四风（东、南、西、北）共 16 张；季花（春、夏、秋、冬）共 8 张。全牌合计 144 张。

有人会问，麻将到底是谁发明成今天这个样子的？牌上的图案又代表什么意思呢？

关于以上问题，民间有不同的说法。

比较热门的说法认为，麻将是明朝航海家郑和发明的。传说郑和七下西洋，船员在船上生活单调，他就发明麻将牌来消遣。牌中的"中"代表中原土地，"发"代表发财。"一万"到"九万"代表发财数量。"东、南、西、北"风代表行船要借风力。"一索至九索"代表撑起风帆的绳索。"季花"代表航行的季节变化。"一筒"到"九筒"既代表铜钱，也代表货物。主张这一见解的我国著名海洋学家吴京在美国讲学时，认为"600 年前郑和出海，可以

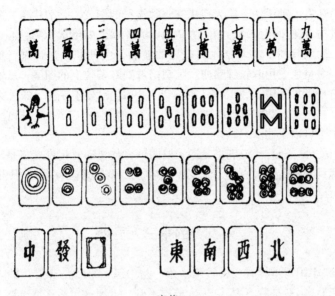

麻将

与 600 年后美国人登上月球媲美"。

另一种说法认为，麻将牌是古时江苏太仓的皇家粮仓护粮官发明的。当时粮食常遭麻雀偷食，为了驱赶麻雀，就发麻将牌来计算赏金，并在闲时用它打发时光。其中，"筒"既代表粮囤，也代表打雀的火统枪。而"索"代表一串串打下的麻雀。"万"则代表赏金。打牌中的"碰"，代表火统声。

还有一说，认为麻将牌源于《水浒传》，是明朝一个名叫万秉迢的人发明的。万秉迢受 108 名梁山好汉的启发，设计出 108 张麻将牌来纪念他们。比如其中的"九索"指"九纹龙"史进，"二索"指"双鞭"呼延灼等。中、发、白"三箭"代表各位造反前有的是中产阶级，有的是富家子弟，也有一穷二白的贫民。"四风"则表示他们来自四面八方。而"万""筒""索"则是发明者万秉迢的名字，因为"筒"在北方称"饼"，即"秉"音，"索"在北方称"条"，即"迢"音。"万""筒""索"即"万""秉""迢"。

　　还有一种说法，认为现代麻将牌流行的图式，是清代道光年间宁波秀才陈鱼门所改绘的。陈鱼门中秀才后，因屡试不第，心中郁闷。为解其闷，家人令他到表兄的航船上去任职。为解航行的寂寞，海员们就用麻雀牌赌博。陈鱼门看到麻雀牌上的图案，就有意改造一下。其中"东、南、西、北"风是指风向与航行的关系密切。"中、发、白"则是这位穷秀才发的牢骚：白衣人（指自己）考中了可以发达。

　　此外，还有传说麻将是渔夫发明的，甚至还有传说麻将是一位搓麻绳的麻人发明的。总之，传说虽各有其理，但也只是一说而已。

对世界的第三大贡献

　　"中国对世界有三大贡献，第一是中医，第二是曹雪芹的《红楼梦》，第三是麻将牌。"你大概想不到，上面这句话竟是出自毛泽东之口。这是在延安时他对麻将牌发表的评论，理由是："不要看轻了麻将……你要是会打麻将，就可以了解偶然性和必然性的关系。麻将牌里有哲学哩。"

　　除了将麻将用到哲学上外，毛泽东还将它用到政治上。1949年，国共和谈，国民党谈判代表刘斐问毛泽东："你会打麻将吗？"毛泽东点头。刘斐又问："你爱打清一色呢，还是喜欢打平和？"毛泽东笑答："平和、平和，还是平和好，只要和了就行了。"后来，谈判破裂，刘斐受毛泽东这句话的启示，竟然拒绝回南京，留在当时的北平。

　　著名学者于光远曾说过，他一生中从麻将游戏里学到很多东西，包括推演、概率、随机、计算等。

　　中国人民大学教授、博士生导师曾湘泉就热衷于推广麻将，他认为打麻将不能赌博，它应是一种有益的竞技体育项目。现在，麻将除了有正规的竞技规则，还有了麻将运动协会。此外，民间娱乐式的玩麻将活动，更是遍及城乡，真无愧于"国牌"这个称呼。

09　　步步高升的途径——升官图

◇ ·······················

骰子选格

升官图是一种棋类游戏，他先在成人中流传，后来演变成一种儿童玩具。这种游戏有一张棋盘，棋盘上画着许多格子，格子组成弯弯曲曲的路线，从一个底角直至中心。格子上画着许多官名，官阶从底角到中心越来越大。

这是一种博戏，也就是相互拼搏的游戏。每个游戏者各取一枚棋子，代表己方。

玩时还需要一枚骰子，由它来决定谁走几格。

先掷骰子，各依骰子所示点数往前走，谁先到中心谁为胜。

这种游戏最早叫"骰子选格"。宋代徐度在《却扫编》中说："彩选格，起于唐李郃。"

唐代房千里曾撰写《骰子选格》一书。由于当时的骰子实为"色子"，点子是有黑、红颜色的，所以掷出来的点数有"彩"，所以也叫"彩选格"。

房千里所撰的选格格子里，官阶由县尉层层上升，一直到侍中，中间大约有60多种官衔。也就是说，要顺利地经过60多个台阶，才能官升至顶而取胜。

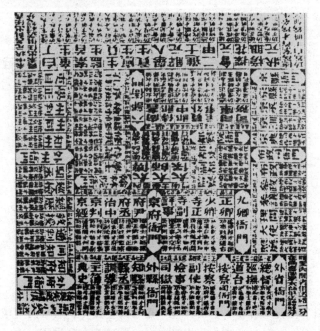

古代升官图

这种升官图，在各个朝代，由于所设官衔不同，内容不尽相同。著名文人周瘦鹃在新中国成立以前曾于《申报》上刊登广告，征求历代升官图，最后终于收集到汉、唐、宋、元、明、清各朝图样。由此可见，升官图游戏的历史，比唐朝还要早。

选仙和选胜

到了宋朝，升官图有所发展和改革，出现了由"升官"改为"选仙"和"选胜"的新内容。

宋朝王仲有一首宫词，说的就是选仙的游戏：

尽日窗间赌选仙，小娃争觅列盆钱。

上筹须占蓬莱岛，一掷乘鸾出洞天。

　　原来这种图的格子里写的不是官阶了，而是各种名胜。据清代史学家赵翼在《陔余丛考》中说明，宋朝选仙图"先为散仙，次为上洞，以渐至蓬莱、大罗等列仙"。就是仙境越来越高。

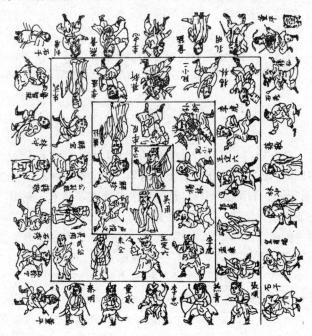

选仙图

　　到清代，各种选仙图纷纷出现。清朝文人徐珂在《清稗类钞》一书中说，高宗弘历"取《列仙传》人物，绘《群仙庆寿图》，用骰子掷之，以为新年玩具"。

　　清人吴士鉴还有一首名为《新年玩具》的宫词：

　　　　别开博局姿清娱，尺幅群仙庆寿图。

　　　　传记旁征翻旧谱，拜恩得似近臣无。

　　词中讲的是慈禧太后在晚年时，曾命人在《群仙庆寿图》基础上，再绘新图。而且赐给近臣象牙骰子、银骰盆，让他们去玩。

　　选胜图也出自宋朝，那时叫《消夜图》，就是从"元宵夜起，自端门及诸寺观，作游行次第。"这是北宋《铁围山丛谈》中所记述的。此图核心是"夜游"，就是梦游："身居斗室，足逼全城"。

后来发展到游《西湖图》，可游西湖胜景。再发展，变为《览胜图》，可览全国胜景，从西湖附近的芳芳亭，经赤壁、庐山、黄鹤楼、岳阳楼等，一直览胜到长安。

从升官、选仙到览胜，在内容上似乎有了进步，但还只适宜成人玩。清宫中虽然把它列入"新年玩具"，也只是在宫中玩乐。

儿童"升官图"

从清朝开始，有了适合儿童玩的"升官图"了。这种游戏只用了升官图的形式，没有了升官图的内容。内容改为比较适合儿童的《十二肖图》《日用杂品图》。这类图大都画在年画上，充满民间气息，也充满儿童情趣，更适合在新年里玩。

新中国成立后，"升官图"起了质的变化，内容多改为以教育和知识为主。更名为"争上游""攀高峰"等。

比如有种"争上游"游戏《赛龙船》，从起点到终点只有32格。每格都标有序号，在一些格子上标有小礼品，另一些格子上则标有钉子。玩时，也是用骰子选格，当遇到礼品时，就可以多前进一步；遇到钉子时，则必须退一步。谁先到终点，谁就是龙船比赛的冠军。玩这种游戏，可以培养儿童克服困难的勇气。

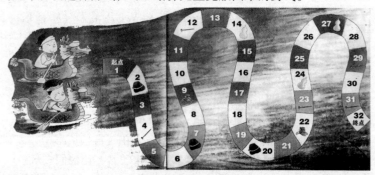

"争上游"游戏《赛龙船》

在 2003 年"非典"流行时期，为了抗击"非典"，北京一个小学生发明了一种"抗非典游戏棋"。这种棋也是一种"升官图"，不过内容不是升官，而是各种抗击"非典"的措施和不利抗击"非典"的坏习惯。如格子里写着"讲卫生"，就前进一格；格子里写着"到处乱跑"，就退后一步。谁最后到达终点，就表示谁战胜了"非典"。

"升官图"和迷宫

你会想到吗？玩"升官图"游戏还与数学有关哩。它的基本原理和数学里的走迷宫原理相同。

迷宫原是一种古代建筑。传说古希腊有个克里特王国，国王生了个牛首人身怪，所以把他关在迷宫里。让他出不来，外人也进不去。

北京圆明园也有一个迷宫，叫黄花阵，是供皇帝中秋赏月用的。它有弯弯曲曲的宫墙，宫女手执黄绸扎成的宫灯，从四方面向中央走去，看上去就像黄花组成的阵式。

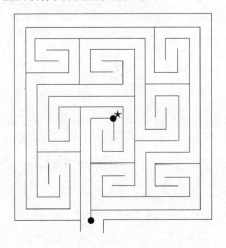

九曲黄河阵

　　我国农村还流行九曲黄河阵，就是用篱笆组成曲折的路径。人们要从入口进去，转过九个曲折路程，才能到达中央。传说，走到了中央，就会风调雨顺，平平安安。

　　怎么才能顺利到达目的地呢？早在 18 世纪时，瑞士数学家欧拉就从数学上解决了这个问题，这个数学问题叫"一笔画"问题。

　　升官图实际上是最简单的一种迷宫。只要顺利，它一定可以一直走到底，而不必走弯路。走回头路是可能的，但是只要努力向前，一定会到达目的地。

　　现在，玩升官图可以说是一种智力游戏，也是一种民俗。过年时，玩玩它，象征"步步高升，一切顺利"。

10 陕西博物馆的镇馆之宝——倒流壶

◇ ·················

城墙脚下挖出的怪壶

20世纪60年代，陕西彬县一位居民在城墙脚下挖土时，发现一把瓷质茶壶。这位居民把茶壶带回家，清洗掉上面的泥土，发现这把茶壶真是奇怪：它竟没有壶盖。

没有壶盖，却有壶嘴，那水是怎么灌进去的呢？这位居民百思不得其解，既然不能当茶壶用，就当摆设放到柜子的一角上。

这一放就放了十多年。到80年代的一年春节，这位居民的一个亲戚来到他家拜年。这个亲戚是西北大学一位图书馆工作人员，他发现了这把奇怪的茶壶，职业习惯告诉他这是不寻常的出土文物。他决定把茶壶带到西安，请陕西省博物馆的专家去看一看。

这一看可了不得，它惊动了博物馆的考古专家，发现它竟是宋朝的出土文物。该文物出自古代五大名窑的耀州瓷窑。耀州离彬

倒流壶

县不远，难怪这只怪壶在彬县出土。

耀州窑烧制瓷器始于晚唐，到北宋时达到最盛。而这只怪壶比一般耀州窑瓷器更是珍贵，它不是一般的茶壶，而是一只"倒流壶"。它虽然没有盖，但仍可以进水，而进水的地方不是在上方，而是在壶底。壶底有一个孔，水从孔中倒着灌进去。灌满水后，将壶正过来，竟不漏水，而且可以从壶嘴中正常地倒出水来。真是妙不可言！

这只差一点流落民间无人识的茶壶，今天已经成了陕西省博物馆的镇馆之宝。在如今耀州窑博物馆门前，也立着一只仿制的大大的倒流壶，作为耀州窑的标志。

倒流壶的秘密

倒流壶为什么壶底有孔可以注入水，而正过来水不会从底孔中漏掉呢？原来倒流壶的构造十分奇特。

它的壶身内部很像一只火锅，中间有一个上立的空管，空管下方就是壶底的入水孔，而空管上方是敞开的。一旦将壶倒过来往壶底孔注水后，水就会从空管上方的敞开孔漫到壶的四壁内。当将壶正过来后，整个壶腔就像一个环状连通器，水位于连通器内不会从壶底漏出。而壶嘴正好位于连通器上方，既不会漏水，而且需要出水时，只要倾倒就可以正常出水。

倒流壶底上有孔

倒流壶结构原理

看来，古代能工巧匠虽然不知道物理学的连通器原理，但却在实践中不知不觉地运用了这一物理学原理，这就充分显示了古代劳动人民的智慧。

如今，倒流壶这一类充满智慧的容器已经成为国际智力界研究的一种新型智力玩具，名曰"益智容器"，英文称作"Puzzle Jugs"，意即"难题壶"。

据美国一位益智玩具专家考证，益智容器的历史十分久远。早在古希腊时代，就出现了类似的充满智慧的容器。我国西安半坡村就出土了母系氏族时代奇妙的吸水陶罐，它充分应用了重心原理，从而便于吸水。除了上面所述出土的宋朝倒流壶外，在辽宁、内蒙古等地也出土了辽金时代类似倒流壶。如在内蒙古昭盟的辽墓中出土了一种白釉足底倒流灌水壶；在辽宁阜新出土了金代白釉黑花葫芦倒流瓶。我国彝族早在清朝以前，就普遍使用一种彩漆鸟形倒流壶灌酒。

有人会问，古代为什么要用这样一种奇怪的茶壶或酒壶来盛茶或酒呢？如果这是一种单一出现的物件，也许可以用偶然思维来解释，但是这种倒流壶在古时竟流传许久，而且流传地域也很广泛，其中必有原因吧！

山西人的醋壶

倒流壶的功用，很让人猜测不透，它颠覆了一般人对壶的正统概念。所以，人们只能从不同的角度来加以探讨。

首先，它具有娱乐的功能。也就是说，它可以作为饮酒和品茶的新型工具。别具一格的注茶注酒方式，令人新鲜而奇妙，这就增加了饮酒和品茶时的趣味。因此，有人把它列为益智玩具之一，它既令人深思，又可以使人产生"唇边上的微笑"。同时，它在倒灌茶酒之后，正过来又滴水不漏，令人迷惑不解，这又促使人们把它列入魔术道具之一。

另外，有民俗专家认为，倒流壶可能与民间吉祥习俗有关。"壶"谐音"福"，"壶倒"谐音"福到"，这和节日里倒贴"福"字寓意相同。由此也可以解释，倒流壶的造型为什么后来多以桃形、石榴形状出现，可以理解为有"寿"、会"多子多孙"等寓意。

也有人从适用性角度来分析，认为倒流壶比之一般有盖壶，有不可多得的优点。首先，它没有盖子，不会有掉盖的毛病。其次，它十分环保，不会有进灰的缺点。有人分析，为什么从辽代墓出土的倒流壶很多，那是因为当地人主要生活在草原，以游牧为生，他们长途跋涉，骑马奔波，如果用带盖壶盛水，水必颠簸洒出，而用倒流壶盛水，再颠簸也没关系。

人们发现，文人用的水注有很多也是采用倒流壶形式。可能文人在写字、作画时，常要用水来磨墨，如果用倒流式水注，就不容易把水洒出，污染画面。

更有意思的是，许多山西人装醋的壶竟也采用倒流壶，这与山西人喜欢食醋有关。因为山西有些地方不像别处是往壶里倒醋，而是将壶放到醋缸里去灌醋。用倒流壶在缸里灌醋，自然十分方便，而且不必动手。醋满取出放正，用起来也方便。这真是古为今用了。

11   孔子的"座右铭"——公道杯

◇ ....

半坡村的汲水罐

在陕西西安半坡村母系氏族公社遗址博物馆门前,有一个少女的雕像。雕像中的少女正在用一个汲水罐打水。这是六七千年前劳动妇女使用工具的形象。

人们会发现,那个汲水罐十分奇特,它底尖腹胖,罐耳很低。它怎么会立得起来装水呢?原来,正是这么奇特的造型,使它有着妙不可言的汲水功能。当用系在罐耳上的绳子提着它时,由于重心高,它会自由倾倒。这样,放在水面上正好可以进水,而不必用手去按罐子。而一旦水灌到一定程度时,由于重心下移,罐子会自动直立起来。这样水一点儿也不会倒掉,可以方便地提走。但是,如果水打得过满,重心又会上移,使罐倾斜,倒掉一部分多余的水。

这样的汲水罐既能自动汲水,又能装适量的水,真是恰到好处。物理学家认为,半坡汲水罐是原始先民最早应用重心原理的证据,是我国古代人民智慧的体现。难怪诺贝尔物理学奖获得者杨振宁看到这种汲水罐后赞叹说:"中华民族真是世界上最伟大的民族之一。"

传说,春秋战国时代的圣人孔子也曾对这种罐子十分感兴趣。

《荀子·宥坐》一书中提到，孔子到鲁桓公庙参观，看到一种样子奇特的器具。据说，那是奴隶时代的手工业奴隶，将半坡村那样的汲水罐加以改造而成的摆设。这种摆设当时叫"欹器"。"欹"是倾倒的意思。欹器就是一种可以倾斜的器具。

孔子问守庙人："这是什么东西？"守庙人回答："此盖为宥坐之器。""宥"即右，就是说这东西是放在座位右边的摆设。孔子于是说：我早就听说有右座之器，它"虚则欹，中则立，满则覆"。也就是说，他早听说有这种放在座位右边的器具，它空时会倾斜，装上适中的水可以立稳，而装满水又会倾倒。后来，由欹器演化出来一个哲理，即凡事要适中，不可虚，也不可满。这就是孔子的中庸思想。所以，有人就把这种欹器当作做人的座右铭。

九龙杯的故事

孔圣人也许不会想到，后人在古代欹器的基础上，又创制和演化出了另一种体现中庸思想的娱乐性容器。这种容器就是著名的益智玩具公道杯。

传说一位西方领导人应邀访华，中方领导人设宴欢迎。这位西方领导人听说茅台酒好喝，特地点喝这种酒。主人感到很为难，因为这种酒度数高，喝了怕影响国事。为了不致影响气氛，主人想了个两全齐美的办法：用一种特殊的酒杯来为客人斟酒。

这种特殊的酒杯就是公道杯。中国民间又叫它"九龙杯"，因为这种杯子中央有一个龙头，杯子表面绘有8条龙，总共9条龙。

主人先是在杯中倒满酒，可是在这位贵宾正要喝时，只见杯中的酒竟自动地漏光了。于是主人对客人说："不是我们不让你喝酒，而是酒杯叫你不要喝得太满。中国有句古话：'满则溢。'只要你适当喝一点，就没有问题了。"

公道杯

这时主人再在杯中倒上少量酒，酒就

不再漏掉了。

这个传说，说明了公道杯的特殊功能，也道出了一个道理：知足者水存，贪心者水尽。这个原则对任何饮者都适用，甚为公道，所以这种杯子被人们称为"公道杯"。

那么，公道杯为什么有这样奇特的功能，它又是谁发明的呢？

公道杯的秘密

公道杯看似神秘，其实它是利用了物理学上一个简单的原理：虹吸现象。

说到虹吸现象，不能不提到古代一种叫"渴乌"的装置。据说这种装置是东汉灵帝时一个叫毕岚的宦官发明的。它实际上是一种从高处的水箱里引水用的装置。它是一个弯得像彩虹一样的铜管。铜管一头插在水箱里，另一头位于水箱下方。这种弯管就像一只渴乌，会自动将高处的水吸下来。这情景就像现在人们用弯管给养鱼的水缸换水一样。这种现象就是物理学上的虹吸现象。

公道杯中的龙头里，也藏着一个弯弯的虹吸管，它一头的孔位于杯内，另一头的孔位于杯底。这样，只要杯中的酒高过虹吸管顶端，酒就会像被"渴乌"饮走一样，从杯底的孔中漏光。这就是"满则溢"的道理。而当酒适中，酒面低于虹吸管顶端时，就不会发生虹吸作用，所以"知足则酒存"。

公道杯的秘密

公道杯究竟是谁发明的呢？发明者具体是谁，还无法考证。不过，在 1968 年，陕西蓝县曾出土过宋朝时的公道杯，这就说明我国古代的劳动人民很早就创造了如此美妙的容器。后来，这种杯子的制造技术一度失传。直至近代，才由一位姓程的景德镇陶工复制了出来。

这种饮酒器由于十分有趣，所以在古代曾作为一种劝酒具，也常常作为酒文化中的娱乐品。现在，公道杯又成了一种很受欢迎的"智力容器"，成为智力玩具的一个新门类。

12　令爱因斯坦惊叹的玩具——饮水鸟

◇ ·················

"永动机将要实现了！"

　　日本东北大学教授酒井高男幼年就是一个玩具迷，在东北大学工学院航空系毕业后，在仙台市科学馆开玩具讲座，担任孩子们制作玩具的指导。他写了一本著名的玩具书《玩具与科学》，书中提到魔方、饮水鸟和倒立的陀螺是世界三大智力玩具。

　　饮水鸟有什么神奇之处呢？酒井高男教授在书中讲了爱因斯坦与饮水鸟的故事。

　　爱因斯坦是当代最伟大的物理学家，对物理学的许多定理了如指掌。比如说永动机，就是一个明显的例子。有人认为，有一种永动机可以不靠任何能源，就能永远动作下去。爱因斯坦斩钉截铁地说，这决不可能实现，因为它违背能量守恒原理。可是有一件玩具，却几乎动摇了爱因斯坦的断言。

　　有人将一只饮水鸟玩具送给爱因斯坦，这是一种外形类似小鸟的玻璃玩具。在小鸟面前放一杯水，先将鸟俯下身子，将嘴浸到杯子的水中。接着，鸟儿就会直立起来。过了一会儿，它又会慢慢地俯下身去，再喝一口水。喝完之后，又会直立起来……就这样，不

停地俯身喝水，昂头挺立，一直饮下去，
直到杯中的水喝完为止。

饮水鸟

　　这简直是一台活生生的永动机呀！爱
因斯坦盯着饮水鸟，惊呼："永动机将要实
现了！"后来，这种玩具就有了个别称：
"爱因斯坦也吃惊的玩具"。

　　这不是传说故事，而是确有其事。难
道真的因为饮水鸟而改变了古典的物理学
原理吗？当然不是。爱因斯坦之所以惊
叹，不是因为饮水鸟是永动机，而是因为
它太像永动机了。爱因斯坦当时看到的饮
水鸟是一种在玻璃表面涂了颜色、看不见
内部构造的饮水鸟。一旦看穿了它的内部奥秘，就会发现，它是一
种伪装得很巧妙的"伪永动机"。而要揭穿其中的真相，还真要费
点脑子呢，难怪它会成为世界三大智力玩具之一啊！

是谁发明了饮水鸟

　　三大智力玩具之一的魔方，是匈牙利建筑学教授鲁比克发明
的，另一个倒立陀螺又叫丹麦陀螺，似乎是丹麦人发明的。那么，
饮水鸟是什么人发明的呢？告诉你，是中国人发明的，而且它是中
国一项古老的发明。

　　最早记录饮水鸟玩具的资料，出自苏联著名科普作家别莱利曼
著的《趣味物理学续编》。这本书到1936年已经出版第13版了。
也就是说，至少在七八十年前，这种玩具就已经出现了。

　　原书说："有一种中国的儿童玩具，谁见了都觉得奇怪。它的名
字叫'饮水小鸭'。"看来，这饮水小鸭就是饮水鸟的前身。只不
过前者外形像鸭，后者外形像鸟而已。书中先描绘了这种儿童玩具
的形态，其动作和爱因斯坦看到的一模一样。书中感叹这种玩具是
"不花钱"的发动机的一个典范。

　　从上面的资料可以看出，不管是饮水小鸭还是饮水鸟，都是中

国土生土长的玩具。而且在很早以前，就传到了国外，在苏联、日本，甚至在远隔重洋的爱因斯坦生活的地方都有它的踪迹。可是，在它的故乡中国，为什么却见不到？

笔者曾访问过许多玩具老艺人，他们当中有人在少年时代确实见过饮水鸟玩具，大概是由于它的材料玻璃易碎等原因，没有保留下来。不过，既然有人见过它，也许今天还能找到它吧。

2005 年是爱因斯坦逝世 50 周年，联合国确定这一年为国际物理年，以纪念这位伟大的物理学家。笔者决心找到这种玩具，拿到中国科技馆去展出。为此，笔者在报纸和电脑网络上发出了寻找饮水鸟的消息。功夫不负有心人，在很短的时间内，就收到了来自全国各地反馈的信息，最终在沈阳找到一位饮水鸟的传人孙贵。他家祖祖辈辈都会制作饮水鸟玩具，而且至今还珍藏着他父亲制作的有几十年历史的饮水鸟。

饮水鸟终于在它的故乡找到了，但是它的真正发明人还未找到，因为孙贵的祖辈也是从别人那里学来的制作饮水鸟的手艺。也许这一发明并非属于某一个人，是中国古代劳动人民智慧的结晶！

饮水鸟之谜

饮水鸟不是永动机，为什么会永动呢？原来它很巧妙地利用了神秘的能源。

饮水鸟的鸟头和鸟尾都是用玻璃球制成的，中间由一根玻璃管连通，作为身子。它整个身体里装了一种叫乙醚的液体。乙醚的流动是饮水鸟动作的关键。

饮水鸟的动作

　　饮水鸟头部罩了一顶纱帽。当饮水鸟饮水时，水会通过纱布的毛细管原理，弥漫到整个头部。头部的水，在大气中会不断地挥发。在挥发的过程中，会吸收周围的热量，使头部玻璃球里的乙醚蒸气温度降低。这个道理就像我们洗过澡之后，身子就会感到凉快一样。

　　当头部乙醚蒸气温度下降后，蒸气压力也会随着下降。头部乙醚蒸气压力下降，而尾部乙醚蒸气压力不变，就产生了压力差，使尾部乙醚液体渐渐压到头部去，使头部重量增加，这样整个饮水鸟的重心就会向上移动，导致饮水鸟低下头去喝水。

　　它喝过水后，体内上下两部分乙醚蒸气又混合在一起，使体内蒸气压力平衡。这样，在它自身重量的作用下，乙醚又流向尾部，使它昂起头来。

　　过了一会儿，它喝的水又弥漫到了头部，再在大气中蒸发，再低头……就这样不断地反复，成了一台"不花钱"的"永动机"了。

　　由此可见，饮水鸟永动的秘密在于大气的热量，是大气热量促使饮水鸟体内乙醚不断上下往复。原来，饮水鸟不是不要能源，而是吸收了人们忽视了的大气中无穷无尽的热能，这种热能则主要来源于太阳能。

　　既然饮水鸟可以靠大气中的热能不停地运动，能不能造出一种大型机械鸟作动力的机器呢？美国兰德公司就作了这样的可行性研究。方案是将这种玩具放大 1000 倍，放到海岸边上。让它在大气热能的推动下，不断地将头伸入大海中，然后用它来带动发电机，发出巨大的电能。还有一种方案是在两条水渠之间，设置一种大型机械饮水鸟，用它在水渠之间不断地运送灌溉用水。这些方案是否能成功呢？让我们期待着这种未来的动力机械的实现吧！

13 令举国疯狂的悬赏题——十五谜

◇ ┈┈┈┈┈┈┈

1000 美元的悬赏

19 世纪 70 年代，美国曾发生一起差点引发社会动荡的事件，这件事的起因并非什么民生或政治大事，而只是一件小小的玩具。你相信吗？这是一件千真万确的事，事件完全是意料之外的，其"主谋"是当时美国著名的智力专家山姆·劳埃德。

山姆·劳埃德是一位设计智力难题的高手，他当时设计了一个十分简单的智力玩具"十五谜"。说这个玩具简单是因为它只有一个棋盘和 15 枚棋子。棋盘呈正方形，有 4×4 共 16 个小方格。棋子共 15 枚，大小和棋盘上的小方格差不多。把 15 枚棋子全部一一摆放在棋盘的小方格里，就只剩 1 个空格。

山姆·劳埃德设计这种玩具的玩法是：先把棋子一一随意摆放在棋盘的小方格中，然后通过空格来移动棋子，使棋子排成要求的顺序。规则是，只能通过空格将一枚一枚棋子平面移动，不许跳动或悬空移动，也不许将棋子移至棋盘外。

由于这种玩具是要移动 15 枚棋子，所以他将这种玩具命名为 Puzzle of Fifteen，意即"移动十五难题"或"十五谜"。

山姆·劳埃德自己设计了这种玩具，当然首先自己是玩它的高手。他设计了各种布局，也制定了各种结局，玩得似乎很顺手。

有一次，他将棋子编成 1 至 15 号。然后在棋盘上自左至右、自上至下，按顺序将这 15 枚棋子一一摆放到棋盘的小方格里，其中 1 至 13 号棋子都按上面的顺序放好，只有 14 号棋子和 15 号棋子顺序放颠倒了，

1	2	3	4
5	6	7	8
9	10	11	12
13	14	15	

十五谜

即 14 号棋子不在 15 号棋子的左方，而是在右方。他要求自己通过空格移动棋子，把这两枚棋子的次序顺过来，即 15 枚棋子都符合从左至右、从上至下的顺序。

他本以为这是一件不难的事。谁知他移动多次都不成功。他想，这真是自找麻烦啊，难道真移不成。从此，这个难题成了他的心病。

后来，他突发奇想，在报上登出悬赏消息，动员大家帮他来解决这个难题。悬赏金额为 1000 美元，这在当时可以说是重赏。

农民在想山姆·劳埃德的难题

消息发布后，许多人争相去解。哪知，很久都无人解出。越解不出越有更多的人去解。一时间，成千上万人都迷在这道"十五谜"玩具题上。据当时报纸报道，有许多人都为此神魂颠倒。有的店主不做生意关门解题，有的火车司机为思考答案将火车开过了站，有的轮船驾驶员想答案走神，把船驶离了航线，有的农民甚至忘了种地而跑到路边去想答案……

就这样，事情发展到要影响社会安定了，这怎么行？为什么都解不出来？面对这一局面，有关方面出面了，专门组织专家来研究。研究结果令人不可思议：这竟然是一道无解之题！数学家用数学理论论证了无解的理由。结果公布后，解这道难题的风波才平静了下来。这件事不仅令普通大众惊奇，也令这种玩具的发明者山姆·劳埃德后怕，自己的一时兴趣，竟引得社会动荡。当然，从这一事件，也不得不感到这种玩具竟然如此奇妙！

柳暗花明又一村

有人会问：既然玩十五谜的这道玩具题，玩不出结果，那么，这种玩具是不是就没有什么玩头呢？

不，正因为那道悬赏题无解，才引起了专家的兴趣，从而总结出了玩十五谜玩具的许多规律和新奇玩法。这真是使玩这种玩具在遇到"山重水复疑无路"时，又玩出了"柳暗花明又一村"的新结局。

首先，专家指出，对于那道无解的题，只要在布局上稍加变动，就可以迎刃而解了。就是将 15 枚棋子中的任何两枚棋子位置对调一下，就可以化无解为有解。而且推而广之，只要对一对棋子作奇数次对调，都有解；而作偶数次对调，则仍无解。这个结论是美国著名数学家 W. W. 约翰逊和 W. E. 斯托里论证出来的。

还有一个接近解悬赏题的方案，就是解题的结果 15 枚棋子都符合顺序要求，但是空格不是留在最后一格，而是留在第一格。

同时，专家们还研究出了许多新玩法。比如一盘次序混乱的棋子，可以通过空格移动成下列有规律的结局：棋子顺序排成螺旋形、排成幻方等。

更可贵的是，数学家已经揭穿了十五谜玩具的数学本质，并且归纳出了排列规律。即只要一看 15 枚棋子的最初排列情况，就可以得出能否有解（即能否排出 1 至 15 的顺序，且空格留在最后一格）。结论是：如果最初棋子排列中，不符合顺序的棋子数之和为偶数则有解；如果它们之和为奇数则无解。

举例说明：当 15 枚棋子从左至右、从上至下排列顺序是 1、2、3、4、5、9、7、8、6、10、11、12、13、15、14 时，可以看出，9 后有 7、8、6 共 3 个数不符合顺序，7 后只有 6 这 1 个数不符合顺序，8 后也只有 6 这 1 个数不符合顺序，最后 15 之后的 14 也是 1 个数不符合顺序。即不符合顺序的数的和为 3 + 1 + 1 + 1 = 6。因为 6 是偶数，所以这些棋子排列的布局有解。

拿上面悬赏的题目来说，因为 1、2、3、4、5、6、7、8、9、10、11、12、13、15、14，这其中只有 15 后面的 14 这 1 个数不符合顺序。因为 1 是奇数，所以这个布局无解。

你看，人们要是早知道这个数学规律，就不会白费工夫、盲目地挖空心思去求解那道悬赏题了。由此可见，一定的科学素养，也是社会和谐的一个重要因素。

承前启后的发明

十五谜这种玩具真是十分奇妙，说它简单真简单，简单到人人可以自己动手制出来，人人都可以动手玩起来。说它不简单也不简单，因为它的玩法竟包含如此深刻的数学规律，以致要求数学家用高深的数学知识才能揭开它的奥秘。

那么，这种玩具是怎样产生的呢？是山姆·劳埃德凭空想出来的吗？不。这类玩具其实早就有了，只不过山姆·劳埃德是在早期这类玩具的基础上加以改良了。

早在上古时代，在我国的神话传说中，就说洛河里有一只神龟，龟身上有一种图案，图案上有 9 个点，后来就叫这种图案为"洛书"。在"洛书"的基础上，产生了"九宫图"。前面说过，到了宋代，就出现了"重排九宫"游戏。而这种游戏就是"十五谜"的前身。

14 打上政治烙印的骨牌——多米诺牌

◇ ⋯⋯⋯⋯⋯

骨牌的祖先

骨牌，顾名思义是一种骨头做的牌。骨牌又叫"宣和牌"，传说是宋朝宣和年间产生的。骨牌又叫牙牌，因为宣和牌最早是用象牙做的，后来改用牛骨做，所以又叫骨牌。此外，也有用木头、竹子和金属制作的，但名称仍叫"骨牌"。

明末张自烈在《正字通·牌》一书中说："牙牌，今戏具，俗传宋宣和二年，臣某疏请设牙牌三十二扇，诗点一百二十有七，以按星宿布列之。"这里提到的诗点和星宿布列，是指唐宋期间产生的诗牌。那时，诗人常将诗书写在板上，后来演变成了"诗牌"。

诗牌上面有点，比如"天""地""人""和"各为12、2、8、4点。将几张牌相组合，可以拼出诗的意境。例如将两张"和牌"相拼，就好像一只鸿鸟在日下飞，另一只鸿鸟在月下飞，这就组成唐代诗人杜甫诗句"鸿飞冥冥日月白"的意境。

后来，骨牌中出现许多流行打法，有的打法演变成了赌博。比如"牌九"和"天九"的玩法就是其中之一。由此，后来有人就干脆把骨牌说成是"牌九"。

打"牌九"使骨牌进到一个误区，在明清时期迅速蔓延。诗人徐珂在《清稗类钞·赌博类》一书中说："或旅馆萧寥，或蓬窗寂静，未携书籍，更鲜朋欢，时一拈弄，足以消暇。"可见当时打牌九之盛。

骨牌外传

清朝道光年间，有一位来自意大利米兰的传教士多米诺（Domino）到中国传教，他对中国当时流行的骨牌十分感兴趣。他在中国待了八年之久，于 1849 年回到意大利。他将骨牌作为礼物送给家人。他的小女儿对这种牌很感兴趣，但她不知道到底怎么玩，于是，她和小朋友自创玩法，用它来拼图。

有一天，小多米诺突发奇想，将一张张骨牌挨个竖起来玩。她用这种玩法来培养自己的干事"稳重"能力。可是，一下子竟让她的小伙伴弄倒了一张，这一张倒了不打紧，后面的骨牌也一张张跟着倒了下来。就这样，变成了一种连锁反应，倒成了一大片。

多米诺看到女儿和小朋友这一意外的举动，心想，何不将骨牌就改成这样玩。将许多骨牌先竖成一个图案，然后推倒第一张，那么就会倒成一片壮观的景象。就这样，他用木头代替骨头，制作大量的骨牌，推广这种玩具。

这种玩具一经推广，就在意大利乃至欧洲引起轰动，并流行起来。为了表彰多米诺对这种玩具的成功改造，人们就把这种牌叫作"多米诺牌"。

后来这种游戏成为一种体育运动项目，在全世界广泛流行。

1954 年 4 月，当时的美国总统艾森·豪威尔有感于那时的政治形式，把一个个殖民地独立的现象，比作"多米诺效应"。他在一次记者招待会上说："在东南亚，如果有一个国家落在共产党手中，这个地区的其他国家就会像多米诺骨牌一样，一个接一个地倒下去。"一位大总统，竟用一个小玩具来作比喻，最后变成了一个政治术语，这真是一件令人感到很有意思的事。

西洋益智骨牌

在西方，中国骨牌除了被改造成体育运动项目外，还改造成了另一种益智型玩具，这种玩具也叫多米诺牌（Dominoes）。为区别运动型多米诺牌，我们可以叫它"西洋益智骨牌"。

西洋益智骨牌流传很广，它先出现在欧洲，后来传到北美洲和南美洲。特别是在南美洲，成了一种很普及的玩具。

西洋益智骨牌和中国骨牌（牌九）样子相近，但大小和张数稍有不同。

中国骨牌和西洋益智骨牌虽然都是长方形，但正统西洋益智骨牌是2.5厘米×5厘米，占两个正方形面积，而中国骨牌稍短一些，这是由它们玩法不同造成的。西洋益智骨牌的玩法主要是"接龙"，这就要求牌面尺寸必须是两个正方形并排相接；而中国骨牌玩法主要是拼点数，对牌面尺寸大小并没有要求。

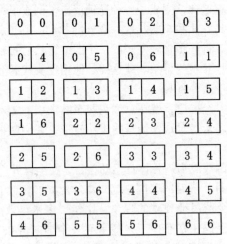

西洋益智骨牌

中国骨牌的点数共有21种：（1，1）（地牌）、（1，2）、（1，3）（和牌）、（1，4）、（1，5）、（1，6）、（2，2）、（2，3）、（2，

4)、(2，5)、(2，6)、(3，3)、(3，4)、(3，5)、(3，6)、(4，4)（人牌）、(4，5)、(4，6)、(5，5)、(5，6)、(6，6)（天牌)。而西洋益智骨牌的点数则共有 28 种，其中除以上 21 种外，还增加了 7 种：(0，0)、(0，1)、(0，2)、(0，3)、(0，4)、(0，5)、(0，6)。

西洋益智骨牌的玩法很多，但最普通的玩法上面说过是"接龙"。就是两张牌的首尾点数要相同才能接上去。

比如说，多人对接玩。可以随意分给每人同样多的牌，轮流来对接。要是第一人出（1，2）牌，下一人必须出首尾各有 1、2 的牌才能对上。最后看谁的牌先对完就算胜。

另一种流行的玩法是单人就可以玩。它是将 28 张牌组成一个特定的图形。除了组成的图形要符合预定的要求外，其中每一张牌的首尾数字都要和相邻牌的首尾数字相同。

比如要求拼出一个"中国结"，其中四角是由 6 张牌组成一个方结，共用去 24 张牌。另外再用 4 张牌加上相邻结上的首尾数，组成中间结。要求当然是每两张牌的首尾点数都必须相同。不过，拼的方式可能不止一种。但即使如此，也需要动一番脑子才行。

0	0	0	4			3	6	6	2
0			4			3			2
5			4			3			2
5	5	5	4	4	3	3	5	5	2
			4			3			
			1			2			
6	6	6	1	1	2	2	4	4	6
6			1			2			6
0			1			0			5
0	3	3	1			0	1	1	5

4	4	4	4	1	1	1	1	6
5			4		1			6
5			0		0			6
5	5	0	0	0	0	0	6	6
5			0		3			4
6	6	2	2	2	3	3	4	4
6			2		3			2
3			5		1			2
3	3	3	5	5	1	1	2	2

用西洋益智骨牌拼出两种中国结形状

15 贝拿勒斯神庙的法器——梵塔

◇ ....

"世界末日"的传说

一部《2012》电影，曾引起一些人的恐慌，有的人甚至真的相信，2012 年 12 月 21 日是世界末日。现在这一天已经安全度过，人们再也不相信"世界末日"的鬼话了。

但是，有一种玩具，竟然也与"世界末日"有关，而且确实印证了"世界末日"。这是什么玩具啊？那还是先从传说说起吧。

传说在印度贝拿勒斯城有一座神庙，里面安放着一块黄铜板，板上插着 3 根宝石针。印度教中的大神大梵天王在创造世界时，在其中一根宝石针上，串放了 64 片圆形金片。这些金片一片比一片大，最大的放在最下面，然后依次越来越小，最后叠成像一座宝塔那样，由于汉语将印度教称作"梵"，所以人们就将它称作"梵塔"。

由于金片中心有孔，所以可以方便地将金片取下、放上，在 3 根针上移来移去。

后来，梵塔演变成了印度教的一种法器。教徒们都要轮流不断地去移动法器上的金片，使 64 片金片从一根宝石针上移到另一根宝石针上。这就是教徒们必做的法事。

但是，不能随便乱移动，而要依照一定的法则。这个法则就是，每一次移动金片时，都必须小片压在大片上，绝对不许颠倒。

教徒们严格地按照法则，每天都轮流不间断地去移动金片，以期完成移动64片到另一宝石针上，重建新梵塔的任务。教徒们一天一天夜以继日地移着，但都难以在短期内成功。据说，如果真的移动成功了，那么，完成任务的那天，就是"世界末日"到来的一天。也就是说，这一天世界就将在一声霹雳声中毁灭。这是真的吗？也许你认为，这肯定像玛雅文化中传说的那样，是假的。不，它是千真万确的事实。不信，下面我们将用科学来加以解释。

数学的惊奇

可以仿照传说中的梵塔法器，来自制一个梵塔玩具。可以用木块代替黄铜板、用木棍代替宝石针、用厚纸片代替金片来制作。为了方便玩乐，并找到玩法的规律，可以先不必放64片圆片，先放6片来试试看。

我们来看有1至6片圆片时，移动的情况。

当只有1片圆片时，移动1次即可；

当有2片圆片时，移动次数为3；

当有3片圆片时，移动次数为7；

当有4片圆片时，移动次数为15；

当有5片圆片时，移动次数为31；

当有6片圆片时，移动次数为63……

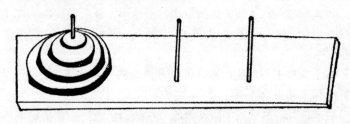

梵塔

19世纪法国大数学家鲁卡斯，根据以上规律，总结出一个公式，即当圆片数为 n 时，移动次数为 $2^n - 1$。

我们来验证1至6片圆片的情况：当 $n = 1$ 至6时，移动次数分别为 $2^1 - 1$、$2^2 - 1$、$2^3 - 1$、$2^4 - 1$、$2^5 - 1$、$2^6 - 1$，结果正好和我们上面实际移动次数符合。

根据这个公式，$n = 7$ 时，移动次数为 $2^7 - 1 = 127$。$n = 8$ 时，移动次数为 $2^8 - 1 = 255$……

你会问，要真是放了64片圆片，要移动成功得移多少次呢？根据以上公式，为 $2^{64} - 1 = 18\ 446\ 744\ 073\ 709\ 551\ 615$。这个数字大得没法数了。

如果移动1次要花1秒钟的话，那么要移动这么多次，足足要花5845亿年时间！谁能活这么大的年龄去完成移动64片圆片的任务啊！所以，通常的梵塔玩具大约只有6片圆片，这样移动得顺利的话只需63次。

天文学家推算，太阳系的寿命还有150亿年。由此可见，5845亿年以后，太阳系早就不存在了，太阳系里的地球当然也早已毁灭了。所以，从数学观点来分析，移动64片成功的话，"世界末日"真的到了。

当然，这只是一个假设，况且这只是一个传说，我们大可不必为世界末日而担忧。不过，通过玩梵塔玩具，会让我们增长数学知识。同时，还让我们懂得一点哲理，即凡事都要适当，不必追求过多的东西。

实践出真知

从上面的推理，我们可以得知，不同数量圆片的梵塔，移动次数都是有规律可循的。也就是说，按部就班地玩下去，总是可以成功的。

但是，在实践中，人们还是找到了许多移动的新窍门。

有两个美国学者，他们发现，其实玩梵塔玩具，有一个意外的简单的解法。它简单得几乎使人难以置信。他们发现的解法，只需轮流进行两步同样的操作就行了。

这两步操作简单得连几岁小孩也可以做到。它的操作方法是，先假定 3 根柱子的排列方式不是排在一条直线上，而是位于相当于钟面上的 0 点、4 点、8 点位置。这样第一步总是将小的一片圆片按顺时针（或反时针）方向移动；第二步的其他圆片的移动法则只存在一个可能性，于是只需移到可能的位置即可。接下去只要按上面两个步骤重复移下去，就不会走错路，也不会走回头路。

有一位计算机专家，给他女儿玩有 8 片圆片的梵塔玩具。结果按上面步骤移动下去，只用了几分钟就移完了 $2^8 - 1 = 255$ 次，顺利完成了任务。

后来，专家们又对别的儿童进行了多次实验，发现 90% 的小朋友，都顺利地完成了任务。这说明，理论只是指导实践的基础，而完成任务的方式，还必须用实践去探索，这样才能有效地去验证理论。

梵塔的别称

梵塔玩具是根据印度教的法器而发明的，上面说过，它有个十分可怕的别称："世界末日"游戏。不过，有人根据英文名称，还给了它一个新别称"河内塔"。

"梵"的英文名是 Hanoi，"梵塔"的英文名称是 Hanoi Tower。但它作为一种益智玩具，又可译作 Hanoi Tower Problem（梵塔问题）或 Hanoi Tower Puzzle（梵塔难题）。

前面说过，Hanoi 是人们对古印度或古印度教的称呼，汉语按意思译成"梵"或"梵城"。这样 Hanoi Tower 就可译成"梵塔"。有时汉语又会按音译，把 Hanoi 译成"河内"和"汉诺"。这时，Hanoi Tower 就可译作"河内塔"或"汉诺塔"。你看到这个译名，千万别以为这是越南河内的塔啊。

16　巴士底监狱里的发明——独粒钻石棋

◇·················

单身贵族的发明

独粒钻石棋是国外十分流行的一种益智玩具，它和魔方、华容道并称为"世界三大不可思议的益智玩具"。这种玩具的英文名称为 Solitaire，意思是"独粒钻石"。关于"独粒钻石"这个名称的来历，后面会谈到。

它的名称还有另外一个意思。和这名称同源的还有一个词 Solitary，意思是"独房监禁"。一种玩具怎么会与监狱有关呢？原来，这种玩具竟是在监狱里发明的。

这事发生在二百多年前法国资产阶级大革命时期。在法国首都巴黎的北部，有一个城堡，叫巴士底。这里是封建统治者关押政治犯的地方，通常称之为"巴士底监狱"。

在这个监狱里，关着一个贵族。由于他是贵族，所以被关在一个单身牢房里。因为他独处一室，不能和别的囚犯接触，更不可能和外界交流，所以非常孤独。他无聊、烦闷至极，就想用下棋来打发日子。

可是，一般棋都是两个人对下的，到哪儿去找对手啊！想来想去，他想到有什么棋可以一个人玩就好了。

于是，他想起了欧洲当时十分流行的民间棋"狐狸与鹅"。这种棋的棋盘呈十字形，有33个交点。其中13个交点上放13枚代表"鹅"的棋子；另一个交点上放一枚代表"狐"的棋子。玩的方法是一个人当"鹅"，另一个人当"狐"。若狐把鹅吃光，则"狐"方胜；若吃不光鹅，则"鹅"方胜。

他开始想，只有我一个人，怎么代表双方呢？于是他试着用左、右手，分别来当"鹅"和"狐"双方。即一个人当两个人来玩。但这样玩来玩去，时间长了也觉得没有意思。

于是，他又一想，能不能把"狐狸与鹅"这种棋改造成单人玩的棋呢？经过一番思索，他将"狐狸与鹅"的棋盘33个交点保留，但取消了斜走的斜线，将两类棋子合一，并由14枚增至32枚。然后改由单人来玩。

怎么玩呢？由于改造后的棋子不分双方，所以一个人执棋子即可。棋子增加了，剩下空交点只有一个了。他就想法利用这个空交点来下棋。下着下着，他觉得这样一个人也能玩了，而且越玩越入迷了。就这样，他玩得竟然忘了牢狱里难熬的时光了。

这个单身囚犯对这种棋的沉迷，引起了监狱管理者的注意。他们不明白，这是什么棋竟有如此大的吸引力？于是，他们先跟着看，后来也跟着玩。久而久之，监狱管理人员也被这种棋迷住了。随后，这种棋就慢慢地在监狱里传开了，不管是监狱管理者还是其他犯人，也都学着纷纷玩起来。

1789年7月15日，巴黎人民发动了武装起义，攻占了巴士底狱，宣告法国封建统治的结束。法国资产阶级大革命胜利了，关押在巴士底监狱里的囚犯得到了解放。在巴士底狱发明的单人棋也得到了"解放"，它很快在社会上传开了，并迅速从法国传到英国，以至整个欧洲。

可是，这种单人棋还没有名字，该叫什么棋呢？人们想到这是狱中一位单身贵族发明的，就随口取名为"单身贵族棋"。

独粒钻石放光彩

　　后来，单身贵族棋有了正式名称，即"独粒钻石棋"。这又是怎么回事呢？

　　这个名称的来历，则与这种棋的玩法有关。这种棋的棋盘上有 33 个交点，其中分别放置 32 枚棋子，只让棋盘中央一个交点空着。玩法则和中国的跳棋差不多。就是一枚棋子可以跳过另一枚棋子，跳到下一个空交点上去。但是，和中国跳棋不同的是，它在跳的时候，要把跳过的那枚棋子吃掉。另外，也允许连跳连吃。

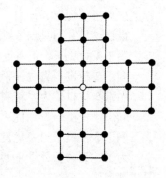

独立钻石棋

　　这样跳来跳去，就会使棋子越吃越少。如果玩得很成功，即最后吃到只剩下一枚棋子，而且这枚棋子正好处在棋盘正中央，那就大功告成了。

　　由于这种棋理想的结局是最后剩下一枚棋子，而且处在棋盘正中央，这就像一粒钻石独立在棋盘上。于是，有了"独粒钻石棋"或"独立钻石棋"这个正式名称。

　　独粒钻石棋不仅受到平民百姓的欢迎，也成了上流社会的娱乐品。有一幅 18 世纪的法国版画《玩钻石棋的法国公主》十分有名，其中画的就是苏比慈公主玩独粒钻石棋的情景。由于这种棋在世界广为传播，成了单人棋中最有名的一种，后来 Solitaire 竟成了各类单人玩的玩具的统称了。

玩钻石棋的法国公主

绝对超级大师的诞生

独粒钻石棋的最优结果，是最后只剩一枚棋子，而且处在棋盘正中央。但是，玩的时候，有人并不一定能达到最优结果，于是国际上出现了一种评分标准。

最优结果：即只剩 1 枚棋子，而且处在棋盘中央，为"天才"。

剩下 1 枚棋子，但不处在棋盘中央，为"高手"。

剩下 2 枚棋子为"能手"。

剩下 3 枚棋子为"精明"。

剩下 4 枚棋子为"优秀"。

剩下 5 枚棋子为"优良"。

为了达到"天才"的目的，又有多种跳的路线，要求用的跳数最少则最好。

早在 1908 年前，也就是这种棋发明的 120 年后，有人就达到"天才"水平了。但是那时用的步数不是最少的，为 23 步。

1908 年，英国智力大师杜登尼（Henry Dudeney）打破了前人的纪录，将步数减至 19 步。

过了 4 年，即 1912 年，另一位智力专家布荷特又将步数减为 18 步。当时，布荷特宣称，他已经制造了绝对的世界纪录，步数不能再少了。他甚至自封为"绝对超级大师"。可是，他没有拿出数学上的证明。

后来，英国剑桥大学的比斯尼教授终于用数学理论证明了：18 步确实是最少的步数！布荷特确实是"绝对超级大师"！

近年，独粒钻石棋也传到了中国。而且在北京和上海等地举办过"独粒钻石棋"智力竞赛。在竞赛中，也获得了可喜的成绩。上海一位女工也取得了 18 步的好成绩。

最后，还要说明的是，独粒钻石棋传到英国后，英国人在原来的基础上，又加以改进。棋盘上增加了 4 个交点，棋子也增加了 4 枚。这样，玩的花样就更多了。后来，人们又把英式独粒钻石棋称为"全单人棋"。

　　独粒钻石棋除了上面说的只剩一枚棋子的玩法外，还有其他许多玩法。比如有一种叫"耶稣与十二门徒"的玩法，是用"全单人棋"玩，玩到最后剩13枚棋子，这13枚棋的布局，就像《最后的晚餐》名画中13个人的排列位置一样，其中一枚处于棋盘正中央，其他12枚分处棋盘四周。因为这种玩法和名画意思相通，所以这种玩法又叫"最后的晚餐"。

17　风行世界的"玩耍纸片"——扑克

◇ ⋯⋯⋯⋯⋯

"玩耍纸片"的祖宗

扑克的英文名称是 POKER，POKER 的音译就是"扑克"。而 POKER 又是从 Playing Card 这个词转化而来的。Playing Card 的原意则为"玩耍纸片"，即供人玩乐的纸片。

有关扑克的发明，有多种说法。法国学者认为扑克是法国人于 1392 年发明的，而比利时人、瑞士人则认为他们比法国人更早就发明了扑克。但是，我们有理由认为，中国人更早就发明了类似扑克那样的纸牌，不过那时不叫"玩耍纸片"，而是叫"叶子戏"。

叶子戏又是何时发明的呢？也有很多说法。

一种说法认为，叶子戏在西汉时就出现了。传说在楚汉争霸时，汉王刘邦手下有位大将叫韩信。韩信文武双全，而且有智谋。他想出在楚军阵地四面唱楚歌，让楚军士兵因思乡而瓦解士气。而在汉军内部，他又发明出一种叶子戏来供士兵消闲，以解除他们的思家之情。因为这种叶子戏的用具像叶子，所以叫"叶子戏"。由于纸是东汉时蔡伦才改进而成的，比西汉要晚近 300 年，所以这个传说中的"叶子"大概不会是纸做的。

此外，还有另外一些传说。或说叶子戏是唐代一行和尚发明的，为的是供唐太宗消遣玩乐。或说叶子戏是晚唐叶姓妇女发明的，所以用她的姓来命名这种玩乐。

正如宋朝文人欧阳修所言，以上传说都不可信，而比较可靠的说法是，叶子戏的"叶子"起源于古代的书签。唐时的书籍是卷轴形，为了查找方便，就在书卷上贴上"书签"。不过，这种书签当时叫"叶子"，因为它是将纸片剪成叶子状的。

后来有人觉得这"叶子"除了可当书签用外，还可以用来娱乐，于是就演变成了叶子戏。叶子戏多用于宴席中，上面写上酒令，用于行令。所以唐朝苏鹗在《杜阳杂编》中说："韦氏诸家，好为叶子戏。"

玩叶子戏的古代仕女

宋朝欧阳修在《归田录》中则说，叶子戏"士大夫宴集皆为之"。

到明朝，叶子戏花样翻新，变成了一种更好玩的"马吊牌"。前面说过，马吊实际上就是"马掉"的转音，意为打马吊牌必须四人共玩，不可像马失掉一足一样"三缺一"。马吊牌发展成骨牌，就是麻将牌；发展成纸牌，就成了叶子戏。可以说，叶子戏和麻将牌共有一个源头。

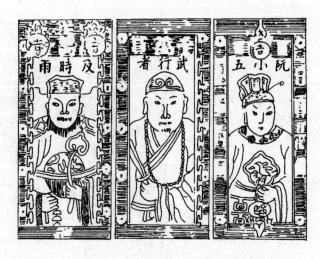

马吊牌

叶子戏的西化

一般人都认为，扑克牌是中国叶子戏传到西方后，经过西化改造而产生的。大约在中国纸和印刷术发明后几百年，叶子戏传到欧洲。

有人说，叶子戏和麻将一样是经马可·波罗在元朝时，由中国带到意大利，然后又传到欧洲其他国家和美洲。另一说，也和麻将一样，是元朝蒙古兵西征时，经西亚，通过士兵传入欧洲。

传入西方的叶子戏，自然会根据西方的文化，对它进行西化改造。

改造之一是将叶子戏的点数用阿拉伯数字代替。这一改动大约定型于18世纪，直至如今。所以，有人将这种改进的叶子戏称作Numeral，意即"数字牌"。

更有意思的改造是，除了1至10的数字牌外，还增加了J、Q、K和大、小王牌。而且在这些牌上画上了有趣的人物像。

还有牌的花色也由中国的索、万、筒改成了黑桃、方片、梅花、红心，这些都是西方古代卜筮的符号，但是赋予了新的含义。

　　经过这一系列的改造，中国的叶子戏彻底改造成了西洋的扑克牌。而且取代了中国的叶子戏而风靡西方世界。

　　其中黑桃的形状像铲子，象征力量和事业。方片的形状是钻石形，象征金钱和财富。梅花的形状就是三叶草花形，象征幸运、福分，因为欧洲人认为，谁拾到稀有的四花瓣三叶草，谁就会交好运。红心的形状像心脏，象征爱情和智慧。

扑克

　　K 为 King（国王）的缩写。黑桃 K 为公元前 10 世纪以色列国王索洛蒙的父亲大卫。《圣经》中的耶稣就是大卫的后裔。方片 K 为凯撒大帝，是罗马统治者。梅花 K 是最早征服世界的马其顿国王亚历山大大帝。红心 K 为曾经征服欧洲的法兰克国王、罗马皇帝查尔曼大帝。

　　Q 为 Queen（王后）的缩写。黑桃 Q 为古希腊智慧与战争女神雅典娜。方片 Q 为莱克尔皇后，《圣经》中约瑟夫的妹妹。梅花 Q 为英国一位皇后阿金尼，但她不是一个真人名，而是用拼字游戏拼出的。红心 Q 为查尔斯大帝的妻子朱尔斯。

　　J 为 Jack（侍卫）的缩写。黑桃 J 为查尔斯一世的侍从霍克拉。方片 J 为查尔斯一世的另一侍从罗兰。梅花 J 为亚瑟王的骑士兰斯洛特。红心 J 为查尔斯七世的侍从拉海亚。

　　大王和小王的图形是小丑形象，英文名为 Joker，即"小丑"。

扑克牌中的数学

扑克牌作为一种玩具，玩法多种多样。但是作为一种数字牌，它竟与数学、天文有着奇妙的关系。

一副扑克共有 52 张正牌，即 4 种花色各 13 张。还有大、小王两张副牌。

其中 4 种花色代表春、夏、秋、冬四季。由于一年为 365 天（闰年 366 天）分四季，所以一季约 91 天、13 个星期。而扑克牌每种花色为 13 张，正好相当于 13 个星期。当把 J 当 11、Q 当 12、K 当 13 时，$1+2+\cdots\cdots+J+Q+K=91$，正好是一个季度的天数。而 4 张花色的数字和为 $4\times91=364$。如果把大王或小王当 1，则加一张王数字为 365，是平年的天数；若加两张王数字则为 366，是闰年的天数。你看，扑克牌的数字是何等的奇妙啊！

18   锯开的画面——拼图

◇ ....

地理教学用具

改革开放以来，国外一种拼图玩具开始在国内流行。它是在一块硬纸板或木块上，印着一幅美丽的图画。但是，它被许多不规则的形状，把画面分成数十、甚至数百、数千小块。如果把小块分开，要再拼接起来，复原那幅图画，则是十分困难的。正因为如此，才会在拼玩中得到了无穷的乐趣。

"地图"拼图

这种拼图玩具，其实已有 200 多年的历史了，它是一位英国人发明的。

大约在 1760 年，英国伦敦一位叫 John Spilsbury 的雕刻家兼地图绘制师，为了帮助学生学习地理知识，就在一块木板上，裱褙上了一幅地图。然后用锯子，沿不规则曲线，把木板切割成许多小块。然后打散，让学生把小块——拼回去，还原那幅地图。

起初，英王乔治三世用这种教具来教自己的子女学地理知识。后来，渐渐变成一种学校普遍使用的教具。直到 1820 年，这种拼图还仅限于当教具使用。

到 19 世纪后期，有人将拼图图案由地图扩展到其他图案。开始是由几位女画家，她们用俊男靓女和动植物照片代替地图，也锯开成许多块，再拼成原样。这样，它很快从地图的局限中脱开，变教具为玩具。玩的对象也不局限于学生，而是整个大众了。

在英文中，把这种拼图玩具称作"Jigsaw Puzzle"，意为"锯画难题"。就是说，它是一种用锯子锯开画片后产生的难题。

杰出的艺术品

拼图自从走出地图的局限之后，画面内容不断出新，成为既能玩又能欣赏的艺术品。

1824 年，一位叫 Ferdinand Piatnik 的人，在维也纳成立了一家拼图公司。这家公司把许多名画放进拼图里。比如名画家莫奈、雷诺阿、梵高等的杰出画作都一网收尽。

其中，奥地利画家克里木特的名画《吻》，被引入拼图中后，许多人就把它作为礼物，送给自己的情人。因为这种拼图既可传情又可把玩。

有的拼图画不只以内容吸引人，而且用色彩迷惑人。比如有一种"豹子"拼图，画面是一张斑斓的脸，要恢复原貌实在困难，因为每一块板看上去画面都差不多，但是一拼就觉得不对劲。这个拼图在一次拼图比赛中，曾被认为是"世界难题"。

美国 Buffalo Games 公司推出一种"林肯肖像"拼图。它的每一块小图都是微缩照片，拍的全是美国南北战争期间的景象，十分珍贵。而将许多小块拼合后，竟是一幅逼真的林肯肖像，使人叹为观止。

还有一种三维拼图，是美国宇航局在太空拍摄的。它的每一小块都异常美观，在夜晚还会发出幽幽光亮。拼出后，给人一种亲临太空的感觉。

更为惊叹的是一种魔术拼图，它利用数学方法，把达·芬奇的名画"打碎"，隐藏在表面图案中。只有用特殊的眼镜看，画面才会浮现在人的眼前。

被拼图的"细菌"感染

拼图玩具兴起后，曾引起一阵阵"拼图热"，以至于引起了社会的关注。

在经济危机或社会萧条时期，热度更达到高峰。一位研究者认为："那时，能给人满足感的事情不多，但完成一幅拼图则能大大得到满足。"萧条过去后，人们有了工作，拼图热就相对消减了。

但是，即使不是萧条时期，玩拼图仍大有人在。美国有"全美拼图锦标赛"。有一次在芝加哥举办，尽管只有1万元美金的奖金，但仍有数百人从美国各地赶来参加。一位参赛者完成1000多块的豹子拼图后，大声欢呼。他似乎在证明：尽管谁都讨厌豹子的斑脸，但自己还是在混沌中理出了头绪！

据统计，美国每年约销出3000多万套拼图，大约80%的家庭都拥有拼图。

美国人类学家费歇尔认为："女性通常比男人更有耐心，协调能力也较好，双手灵巧，擅长综观全图，较善于识别、记忆并匹配颜色。"所以，女性更适合玩拼图玩具。据说，美国的拼图难题，大约六成是女性完成的。英国女王就特别喜欢拼图"狗"和"马"，常向"拼图图书馆"借拼图来玩。

当然，许多男人也是拼图迷。当今全球首富比尔·盖茨就非常喜欢拼图。他特别喜欢美国佛蒙特州生产的木拼图，因为它的每小块边缘都很不规则，很难拼。

1908 年，美国《纽约时报》有感于拼图热，用大字警告语刊出标题为"新拼图危害城市的理智"的文章，宣称社会上的教授、牧师、律师，甚至百万富翁都已受到拼图的"细菌感染"，有如今天那些电脑痴迷者，整日浑浑噩噩，神志不清。因为在那个年月，拼图在全国每周竟能销售出 1000 多万套，许多人竟迷疯了。

如今，拼图又进入电脑领域。在电脑里，任何一种拼图都可切割成 4 到 4000 小块。计算机给了拼图新生命。但正如《纽约时报》所警告的，任何游戏，拼图游戏也好、电脑拼图游戏也好，都不可沉迷其中，而必须适可而止！

19 号称"匈牙利恐怖"的方块——魔方

◇ ⋯⋯⋯⋯⋯

从教具到玩具

厄尔诺·鲁比克（Ernö Rubik）是匈牙利一位建筑学和设计学教授。1974 年，他为了使学生对立体图形增加一些实感，设计了一种立方体教具。这是一种由 26 个小立方体组成的正六面体。26 个小立方体通过中间的轴，可以自由转动。

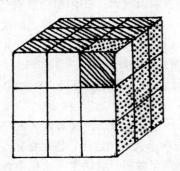 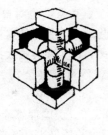

魔方构造图

当他将这个正六面体的 6 个面，各涂上一种颜色后，再将 26

个小立方体打乱，他发现要还原十分困难，但很好玩。于是，他感到这东西也是一种很有意思的玩具。由于玩的时候有点像耍魔术，于是起名为"魔术方块"（Magic Cube）。

1977 年，鲁比克为他发明的玩具申请了专利，并在布达佩斯的工厂里，开始生产这种玩具。为了推销这种玩具，他决定参加国际玩具博览会。但是，匈牙利的外贸官员对这种玩具并不感兴趣，所以开局不利，以至于差一点这种玩具就被埋没了。

慧眼识真金

鲁比克开始有些失望。他在等待机遇，等待真正识货的合作伙伴。

机遇终于来了。1978 年的一天，德国企业家拉克希在布达佩斯一家咖啡馆喝咖啡。他看到服务员在玩"魔术方块"玩具。他一眼就看出了这种玩具的魅力和潜在价值。他高兴地说："我手上有个天才！"这天才指的就是发明魔术方块的鲁比克。他第二天就回到德国，建议一家德国玩具公司销售这种玩具。

鲁比克想不到的是，后来他又遇到了一位玩具推手，他就是英国著名的智力玩具专家克莱默。克莱默既是玩具专家，又是玩具公司的大老板。在 1979 年世界"玩具之都"德国纽伦堡举办的玩具博览会上，克莱默也对鲁比克的魔术方块情有独钟。他找到鲁比克，决定双方合作推销这种玩具。

克莱默决定在英国大批量生产这种玩具。为了推销出去，他和美国理想珍奇玩具公司签订合同，向美国出口 100 万个魔术方块玩具。

1980 年，美国理想珍奇玩具公司将这种玩具改名为"鲁比克立方体"，并请鲁比克亲自表演来促销。这样，鲁比克立方体越来越有名气了。到 1982 年不到两年时间，就销售了上亿个鲁比克立方体玩具。

不久，鲁比克立方体就推向了世界。由于它的名气和魔力，这种玩具很快就遍及天下了。据统计，到 20 世纪 80 年代，已经到达风靡世界的顶峰了，其销售量达3.5亿个，几乎全世界 1/5 的人都在玩这个玩具。

供儿童玩的魔方

这种玩具在台湾仍称作"魔术方块"。到香港，就有了本土化的名称了，叫"扭计骰"，大概是因为它的外形像个骰子。在中国内地，名称则简化为"魔方"。

魔在何处

也许你会奇怪，小小的魔方为什么会引起许许多多的人着迷呢？原来，它包含着人们想象不到的科学道理。

数学家们通过计算分析，一个魔方竟能变出无穷的花色来。他们找到一个公式，算出它的花色多达4325亿亿种！当颜色搞乱了，你要恢复原样，如果不掌握规律，一辈子也别想成功。正因为如此，这样一个既不神秘也不复杂的小玩具，不知迷住了多少大人和小孩。

为了追求其中的奥秘，许多人为此绞尽脑汁。日本东京大学数理学家榎木彦卫助为此写出了论文《魔方开解的最短程序》。美国一位叫大卫·辛马斯特的教授，写出了一本研究魔方的专著，以此享有"魔方大师"的称号。

更令人想不到的是，英国一位年仅13岁的中学生派翠克·波塞特（Patrick Possert）竟也写出了一本近10万字的《你也能够复原魔方》（又译作《怎样玩魔方》）的书，而且销售量达150万本。

玩魔方的确有利于智力开发，但也会产生一些负面影响。有的人，特别是青少年，往往沉迷其中而不能自拔。要知道，要把魔方的全部花色组合都玩一遍，即使使用最先进的电子计算机，也要花140万年时间。所以，有人又把这种玩具称作"匈牙利恐怖"，因为它是匈牙利人发明的。它使许多玩不成功者无心工作、荒废学业，甚至精神失常。因此，教育专家忠告青少年，玩任何玩具，即使这种玩具再有益，也要适可而止，决不能玩物丧志。

五花八门的比赛

魔方，作为 20 世纪最著名的一种智力玩具，其优点是有目共睹的。有人总结它能培养观察力、记忆力、耐心和动手能力等许多好处。所以，1980 年，它获得了匈牙利国家最佳发明奖。1982 年，在著名的《牛津词典》上，也新收进了"魔方"这个词条。

1982 年，匈牙利布达佩斯举办了第一届魔方世界锦标赛。2003 年，成立了世界魔方协会，而且定期举办魔方比赛。

在 1982 年正式比赛前，英国一位 16 岁的中学生，仅用 28 秒，就复原了一种杂乱的魔方布局，被人称为"神童"。

到 1982 年匈牙利正式比赛中，第一名成绩为 22.95 秒。在 2007 年的比赛中，最好成绩为 9.86 秒。2008 年，荷兰人埃里克创造了最优纪录 7.08 秒。最新纪录为 2011 年创造的，成绩是 6.65 秒！

除了正常玩法的比赛外，现在又出现了许多新奇的花样玩法比赛。

2009 年在单手玩魔方比赛中，一位瑞典人用 13.8 秒，用一只手复原了魔方。同年，在北京一次公开比赛中，庄满燕盲拧（蒙着眼睛玩）复原魔方创造了 35.96 秒的新纪录。还是这一年，一位爱沙尼亚人用脚拧，得到复原魔方的好成绩 36.72 秒。

魔方不仅在玩法上有所创新，而且在结构上也有新发展。早在 1979 年，鲁比克就推出了一种"平面式"魔方，这就是魔术折板，简称魔板。同时，他又发明了一种蛇形魔方，又叫百变魔尺。后来，他又进一步创造了一种有三层玻璃球的魔方，他将这种新魔方命名为"鲁比克 360"。此外，4 阶（35 个小立方体）、5 阶（44 个小立方体）、6 阶（53 个小立方体）、7 阶（62 个小立方体）魔方也出现了。还有，金字塔式魔方、斜转魔方、五角形魔方等新结构的魔方也纷纷出现。魔方这种小小的玩具，已经开创出了大大的新天地。

参考文献

《北京民间玩具》，王连海编著，北京工艺美术出版社，2001年。

《古董玩具》，李英豪著，香港博益出版集团有限公司，1996年。

《数学游戏》，郑肇桢编著，商务印书馆香港分馆，1980年。

《中国民俗、旅游丛书》，刘宁波、常人春等编，旅游教育出版社，1995年。

《奇巧图说》，梁绍杰、龙德义编著，台湾九章出版社，2006年。

《玩具论》，蒋风主编，希望出版社，1996年。

《中国古代婴戏造型》，王连海编著，江西美术出版社，1999年。

《中国传统游戏大全》，麻国钧著，农村读物出版社，1990年。

《游戏风情》，赵庆伟、朱华忠著，湖北教育出版社，2001年。

《中国古代儿童题材绘画》，畏冬著，紫禁城出版社，1988年。

《中国古代体育习俗》，黄伟、卢鹰著，陕西人民出版社，1994年。

《中国游戏文化·斗草藏钩》，顾鸣塘著，上海古籍出版社，1994年。

《益智愉心的中国古代游艺》，王宏凯著，人民教育出版社，1995年。

《傀儡艺术》，傅起凤著，中国文联出版社，2011 年。

《七巧板、九连环和华容道——中国古典智力游戏三绝》，吴鹤龄著，科学出版社，2008 年。

《中国玩具丛书》，王连海等著，云南少年儿童出版社，1991 年。

《少年智力玩具 50 种》，姜长英等编著，中国少年儿童出版社，1988 年。